TEN HOUSES

Edited by Oscar Riera Ojeda

世界小住宅 6

Christian De Groote

余善沐 译

中国建筑工业出版社

图字：01-2000-0376 号

图书在版编目(CIP)数据

世界小住宅.6/(美)奥赫达编；余善沐译. —北京：中国建筑工业出版社，2000
(世界小住宅设计经典译丛)
ISBN 7-112-04259-3

Ⅰ.世… Ⅱ.①奥… ②余… Ⅲ.①住宅-建筑设计-图集②住宅-室内装修-图集 Ⅳ.TU241-64

中国版本图书馆 CIP 数据核字（2000）第 21020 号

责任编辑：张惠珍　程素荣
美术编辑：黄　燕　姜敬丽

世界小住宅设计经典译丛
世界小住宅 6
克里斯蒂安·D·格罗特
奥斯卡·列拉·奥赫达　编
余善沐　译

中国建筑工业出版社出版、发行（北京西郊百万庄）
新华书店经销
利丰雅高印刷（深圳）有限公司印刷

开本：255mm × 230mm
2000 年 6 月第一版　2000 年 6 月第一次印刷
定价：76.00 元
ISBN 7-112-04259-3
TU·3357(9716)

Contents 目　录

6　**序**　鲁道夫·埃尔库利

8　**导言**　克里斯蒂安·D·格罗特

精选作品

18　加西亚住宅，智利，圣地亚哥

28　康斯坦萨·贝尔加拉住宅，智利，阿尔加罗沃

38　富恩萨利达住宅，智利，圣地亚哥

46　赫略纳住宅，智利，圣地亚哥

56　马特住宅，智利，萨帕亚尔

64　奥雷戈住宅，智利，埃尔潘格

76　埃利萨住宅，智利，圣地亚哥

86　拉昆布雷住宅，智利，圣地亚哥

94　埃拉苏里斯住宅，智利，比亚里卡

112　"埃尔孔多"住宅群，智利，圣地亚哥

142　**精选建筑与项目简介**

143　**公司概况**

144　**照片提供者**

Foreword　序

by Rodolphe el-Khoury

Ross House (above), Pedro Pablo Errazuriz (right), both in Santiago, Chile
罗斯住宅(上)，佩德罗·巴勃罗·埃拉苏里斯(右)，两处都建在智利，圣地亚哥。

肖像与风景画

克里斯蒂安·D·格罗特设计的住宅的共同特点是对选址特别敏感。但是这种敏感并不意味着自我轻视。D·格罗特的住宅没有与环境混成一体，而是与环境进行相互对话，使两者特征得以具体化。17、18世纪的欧洲风景画家采用了同样的构图手法，戏剧性地表现了大自然跟文化的结合。他们的作品赋予英国庭园传统和别致的现代建筑风格以灵感，而这些绘画作品的灵感依然活生生地存在于D·格罗特的设计布局中。

例如富恩萨利达住宅，其低矮、强烈的水平伸展的建筑轮廓，与背景山峦的竖向突起形成一种对比。这种生动的构图通过一种鲜明的建筑手法强调了大自然与文化之间的复杂关系。此类手法对所谓的"地方主义建筑"是一种挑战。"地方主义建筑"就是借助于本地的建筑语汇、传统材料和施工方式寻求建筑和文脉之间的和谐。D·格罗特意识到建筑业中根深蒂固的矫揉造作。他毫不掩饰跟自然环境和建造环境对话。对传统的权威和文脉的限制的不屈从使他的设计在住宅的象征性和实用性方面都能满足居住者的意愿。每一幢住宅都具有一种与众不同的品位和独特的组织规则。这不仅使日常生活的各种功能严格地协调一致，而且对居住的有意义，描写进行了投资，这幢住宅可以说是独特的生活方式的忠实写照。

再按照美术的类比，我们可以把D·格罗特的住宅建筑看成是一种类似风景和肖像绘画的合成体。这中综合体既不和谐也不总是令人愉悦的。然而，它可以经常提供令人信服的论证，说明城市和环境的职责并不排除对性格和个体的确认。

鲁道夫·埃尔库利

注：鲁道夫·埃尔库利是一位建筑师、评论家和历史学家，他在哈佛设计研究生院任教。

Introduction 导 言

by Christian de Groote

在谈论我公司的设计作品(即本书详细展示的10幢住宅)之前，强调一下所有这些住宅的基本特性的共同点是很重要的。每一幢住宅都是为特定的客户设计的。

近来用户和建筑师之间的距离越来越大。为了与这种弊病做斗争，我们公司在接受设计一幢住宅的委托之前坚持执行一条强制性的规定：客户同时必须是住宅的用户。我不能简单地仅仅凭我自己的个性来处理一个设计项目，或者作为纯粹个人爱好的习作。少了那个重心——"结构与用户"的关系——建筑将失去依据，难免会受到流行风格，思想意识和各种倾向的虚假影响，使建筑缺乏我力图达到的基本的一贯性。

这使我坚持避免做投机建筑。投机建筑是一种代表第三方的客户所要求的建筑。这是一种不仅在智利，而且是在世界各地都最常见的基本的职业行为。抽象投机不是我的工作方法。这些建筑作品并非出自于理论概念，或者出自于坚持某一特定的流派或运动。在其背后既没有一个支持建筑作品的原理，也不存在超越作品本身所代表的精确而具体的成果，以给作品提供合理性的有理智的论据。

的确，面对各种不同的问题，我有一种自己的工作方法。这种方法通过坚持一套习惯和过程为我的建筑设计提供了行业背景。我并没有在任何特定项目之前就存在着取向，而是有一种沿着熟悉的道路开始旅行的感觉。在这一点上这种旅行已经获得了其本身的，在一定程度上可以体现的特色。

我对每一个项目的设计方法从来不是先前就有的，而是从各种不同领域的多种要素中派生出来的。这就是为什么没有在设计之前就存在的观

***左图**：斯拉谢弗斯基住宅，智利，圣地亚哥。建于1972年，造价不高，大部分是混凝土砌块结构，尺度不大，具有体量组合表现力(来自不同层高构成的内部坡道)。*

***右页图**：洛塔住宅，智利，圣地亚哥。勒·柯布西耶对建筑师作品的影响突出地存在于他的这个首幢住宅设计中。*

点，也不信奉任何趋势和动向的原因。因此，没有代表性的、风格上的或似隐喻的优先考虑。"没有主观态度"对我来说是最重要的。作为建筑师，我把自己看作是一名解说员，为了与这一角色一致，必须以最大可能的空白状态自然而然地、实实在在地面对设计项目，把自己变成一张白纸。

在具体地谈到个别住宅时，我想强调指出，我把它称为"作为家庭写照的住宅"，因为我找不出比这更好的用语。这一原则把建筑师看作解说员，即是一个用或多或少的感受从外界收集点滴信息的人。建筑师只是以和谐和有规律的方式将这些信息排列起来，而并不违背这一过程。这样，建筑师就创造了一个不受其本身心灵左右的世界——这是必不可少的，虽然对建筑师来说，目的是合理地处理这些信息——而是受来自外界的刺激所左右的世界。这些刺激是必须十分敏锐地加以译解的。

在这一创造性过程中，客户——被理解为一个人、一对夫妇或一个家庭——扮演着重要的角色，因为客户是自己工程的真正主角，是工程的名副其实的建筑师。事实上，大多数客户说他们把自己看成空头建筑师。这种说法，可能被看作只是一句股票用语，它出自于这样的事实，那就是建房是一种人类基本的需要，与耐久性和适用性有着很大关系。建筑又是与文化和习俗密切相关的，同时这些方面明显地是直接植根于客户心中而不是建筑师。

为了使客户的签字画押更具有决定性，我经常鼓励他们在建房期间积极参与。我鼓励他们进行振奋人心的合作，向他们指出在每个阶段我们是

左页图：索莱尔－马丁尼住宅，建于智利南部的科利科湖。面朝湖泊，得益于外部简洁和内部丰富的木结构之间形成的对比。

右上和中图：科德纳住宅，智利圣地亚哥。从建筑体量的直角等分处看安第斯山山顶产生的十分生动的效果。

右下图：拉波萨达住宅群，智利圣地亚哥。餐厅的竖直窗户突出了面向安第斯山山脚下教堂的景色。

如何面对具有丰富变化和适应性的活生生的材料。当一个充满惊喜和机遇的世界向我们敞开时，客户和我所感受到的那种兴奋之情会形成一种充满深情和富有成果的纽带。

客户通过宗教忏悔、心理分析、潜意识信息、空虚心态等传达自己的兴趣爱好、习惯和渴望，在纵向（瞬间的）和横向上（随时间的推移）建构自己的生活圈。在如此丰富和生动的参与中，客户接管了建筑设计过程的主导部分。按照这样的思路，奥克塔维奥·帕斯（Octavio Paz）的一段话会具有重要意义：

从我睁开眼睛的一刻起，我意识到我不是在我现在所处的地方，而是在我现在不在的和从未去过的地方。某处有一片空地，那片空白将被我充满，直到我变成泉水或喷泉。而我的空白，即我自己现在这样的空白所具有的那种空虚感，将被空虚本身充填得满满的。

我总是努力把我的工作置于一个范畴中，我的思维范畴不能降低为仅仅是地理问题或者空间概念。对我来说这个范畴像是某种围绕问题的一堆信息。建筑师要始终非常留意并有建设性地去捕捉和译解这些信息，使其能提供解决问题的线索。

左图：*第一列上、中图：卡尔德龙住宅，智利圣地亚哥。这组平面说明了丰富的内部空间。*
左下：*阿尔卡尔德住宅，智利圣地亚哥。该建筑师的住宅设计的固定特色是住宅的隐蔽性。*
第二列上、中图：*埃尔穆谢拉戈住宅，智利圣地亚哥。这幢三层住宅的独特体量使得科迪勒拉山的景观生动醒目。*
第二列下：*佩德罗·巴勃罗·埃拉苏里斯住宅，智利圣地亚哥。通道条纹路面突出地强调了沿街的墙面的存在。第三列上、中图：贝尔纳多·马特住宅，智利圣地亚哥。丰富的入口体量和宽大，二层通高的凉廊为壮丽的科迪勒拉山景观锦上添花。*
第三列下图：*帕特里西奥·德格罗特住宅，智利圣地亚哥。令人印象深刻的山峦背景衬托出醒目、简洁的体量轮廓。右图：戈拉住宅，智利萨帕亚尔。全部用当地石材建造的城堡式住宅与其所处的太平洋礁石上的突出位置十分协调*

一个项目本身应作为一个问题提出，并通过一系列推论和经验表达出来。从该特定项目的典型性和独特性的意义上说，由此方法产生的方案总是很重要的。而从简洁而有力的意义上说，此方案又是最基本的。正是这种条件的必然结果，即赋予作品自身生命，而从总体上排斥独立存在的建筑上的任何概念。

正如工业建筑，很显然工艺流程的要求严格地影响着设计，这对我，或者至少对我的工作方法其影响也是明显的，即建筑设计基本上受外界支配，则用一种更细致、更隐蔽的方式（的确非常难以捉摸）进行设计。

勒·柯布西耶对建筑学的学生说："向你们传授知识的老师应该毫无保留地为你们打开通向广阔天地之门。表彰你们学业的文凭应该给予你们惟一的权利是：跨越门槛。"而作为建筑师，我一生都是在不断地追求对立、寻求限制，越精确越好，因为勒·柯布西耶所说的自由也只是对所选事物的处理。

从所设计的住宅的反常规和明显变形的角度和住宅似乎仅由建筑师的单方面意愿建成的观点上看，我让客户担任的角色可能看来令人吃惊。然而我还是用三个简单明了的根据来证明我所说的话：

第一，我的职业经验始终不渝地说明，从建筑质量的角度设计的结果、"客户"的感觉和"客户"介入的深度这三者之间存在着直接关系；

第二，一旦作品完成，内心的感受与作品是完全不同的。要保持超脱，目的是用建筑师的而不是作家的眼光来看它和欣赏它。

第三，合同的产生就是与客户建立一种不同寻常的关系。这种关系有些复杂、有些费解，充满着情感又有些担忧。整个过程有几分令人伤心。一个人到头来在作品中只给自己剩下一片很小的空间。

左图和右页图：*FAT 住宅，智利圣地亚哥。场地保留的大量丰富的植物完全确定了此作品的*

巴拉甘(Barragan)常说他的建筑是自传性的。我认为我的建筑是传记性的。我也希望把我的全部建筑设计，尤其是这10幢住宅归结为一种独特且惟一的因素。这一因素存在于与它们所处的地理环境的关系之中。我认为美洲建筑还无法面对我们特殊的、多样的，有时是不同寻常的地理条件所带来的挑战，还不能成为设计和自然环境之间真正相互作用的基础。当我们把我们现在的建筑与阿斯特克斯(Aztecs)、马亚斯(Mayas)或因卡斯(Incas)的建筑作比较时，这种不足就特别明显。

或许个别、不多见的特例能在墨西哥找到，更小规模的能在巴西见到。要创造一种与地理环境协调的建筑是我的目标，更进一步则是要创造一种地理建筑——作为一种地理现象的建筑。

这一推理的出发点是出现人类痕迹之前，大自然处于一种不活动状态。好像一部不动的无声电影。人在沙土上的脚印能将自然的东西变成一个建筑事件，把地理从自然生成物的含义中解脱出来，犹如河上没有桥就不存在河一样。

各个时代，人们研究遗迹中产生的乐趣使他们编造出了许多解释。这是因为这些遗迹十分美丽、神秘，具有唤起联想的活力，还因为这些遗迹使我们沉思于时间深渊之中。我自己的解释是：这一破灭的美丽、崩溃、瓦解和一切多余的、不经久的东西的消亡使得遗迹名副其实的、真正的与大自然相结合。这种结合就是我的建筑所要寻求再现的。

克里斯蒂安·D·格罗特

***本页和左页图**：保利娜住宅，智利圣地亚哥。其体量由陡坡和覆盖场地的、丰富多样的本地花草树木所决定。*

Garcia House

Santiago, Chile

加西亚住宅

智利，圣地亚哥

***Above:** Aerial view of the house, still under construction, showing how the inner patios shape an orthogonal plan without interfering with the large diagonal toward the garden.*

***Opposite Page:** An orthogonal plane that enlarges the area of terraces near the swimming pool intercepts the long diagonal concrete beam.*

上图：建造中住宅的鸟瞰，显示内庭院如何形成一个直角平面，而不干扰朝向花园的大对角边。

左页图：直角平面布置扩大了靠近游泳池的平台的面积，而截断了长对角混凝土梁。

这块位于拉斯孔德斯(Las Condes)的43000平方英尺(约4000m²) 的场地，对于开发一个雄心勃勃的项目来说则显得十分小。这个项目包括一个本身就要求占用地面积五分之一的网球场。根据客户的要求，住宅要有一间与主卧室相连的书房。卧室也要朝向内庭院，使书房达到完全的私密性。这一要求使我们设计的平面十分紧凑。因为面向安第斯山的视轴线偏离场地45°，我们将网球场紧靠一角设置，同时住宅倚之而建。把场地对角分开，形成两个三角形。住宅和网球场共占一个三角，花园则占据另一个三角。这种处理给人产生一种比用地本身更加开阔的感觉，同时使住宅有一个长面朝向山峦。

由等边三角形构成的密实、紧凑的形式，因为有了内庭院而变得相对轻巧。内庭院把平面连成一体，并定义出本项目的不同区域。外墙用粗拉毛粉刷，内墙全部镶上蜜黄色生丝镶板，使住宅协调一致，具有连续性。所不同的惟一构件是外露的混凝土大梁，构成房屋对角的顶部，强调了房屋的大尺度。

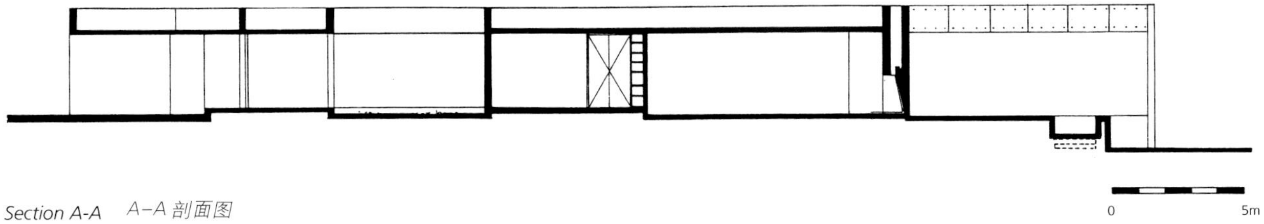

Section A-A *A–A 剖面图*

Garcia House
加西亚住宅

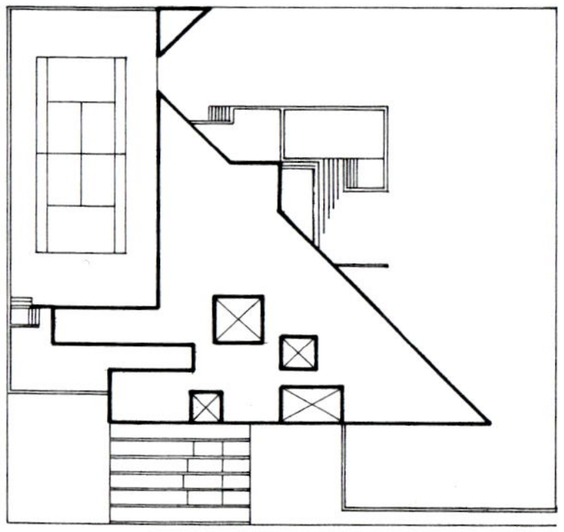

Site Plan　总平面图

1. Entrance
2. Carport
3. Entrance Hall
4. Interior Garden
5. Studio
6. Living Room
7. Dining Room
8. Kitchen
9. Laundry
10. Service Room
11. Mechanical
12. Tennis Court
13. Pool
14. Terrace
15. Master Bedroom
16. Bedroom
17. Family Room
18. Dressing Room
19. Service Yard

1.入口
2.停车库
3.门厅
4.内花园
5.工作室
6.起居室
7.餐厅
8.厨房
9.洗衣房
10.服务人员用房
11.机房
12.网球场
13.游泳池
14.平台
15.主卧室
16.卧室
17.家属用房
18.更衣室
19.服务用庭院

A

B

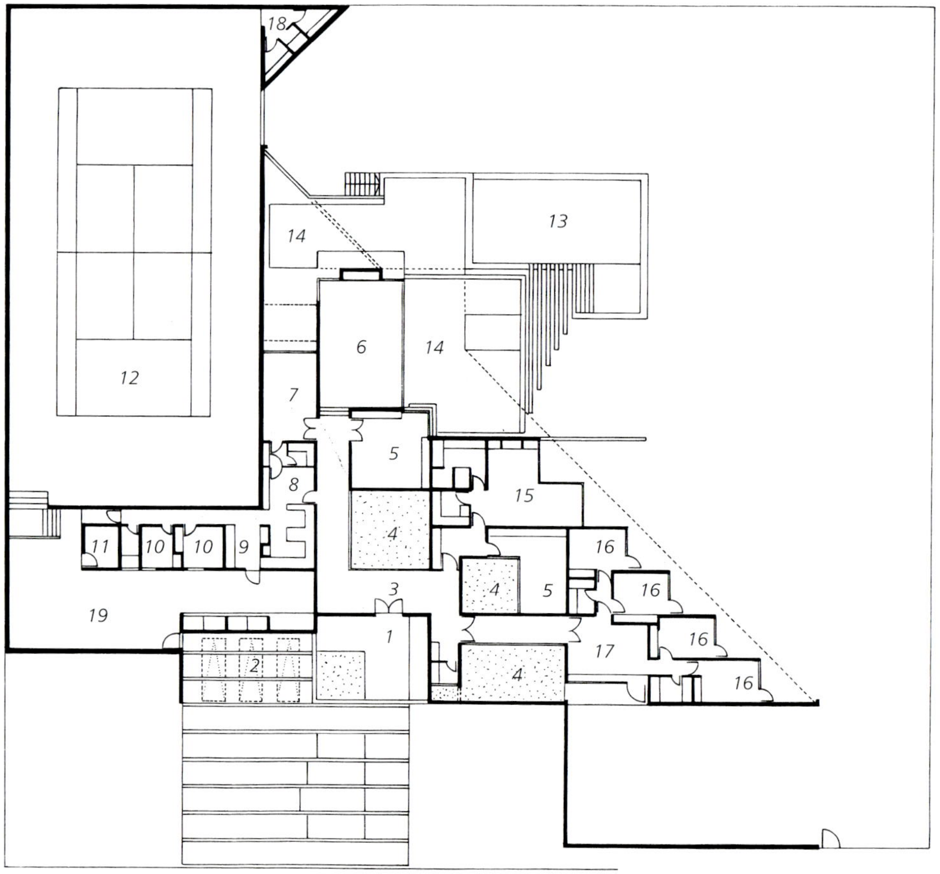

B

A

Floor Plan　平面图

0　5　10　15　20m

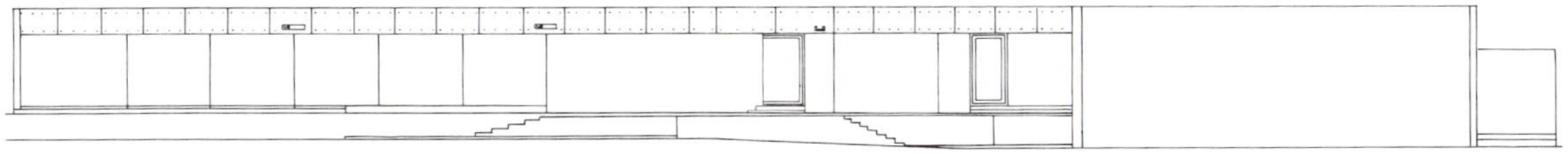

North Elevation 北立面

0 3m

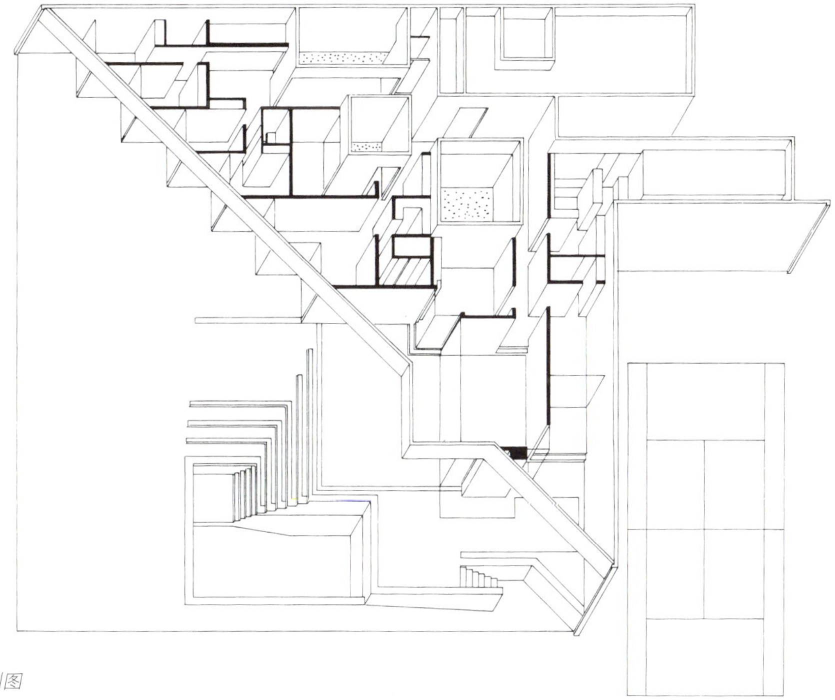

Axonometric View 轴测图

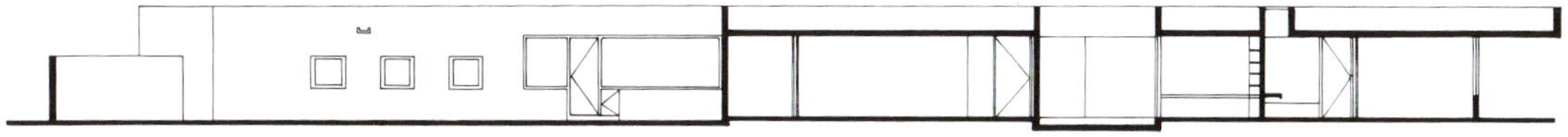

Section B-B B–B 剖面图

0 5m

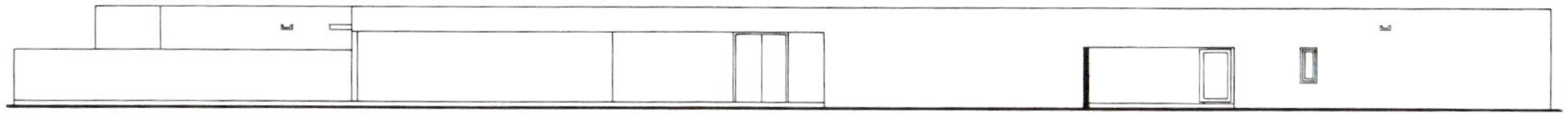

South Elevation 南立面

0 3m

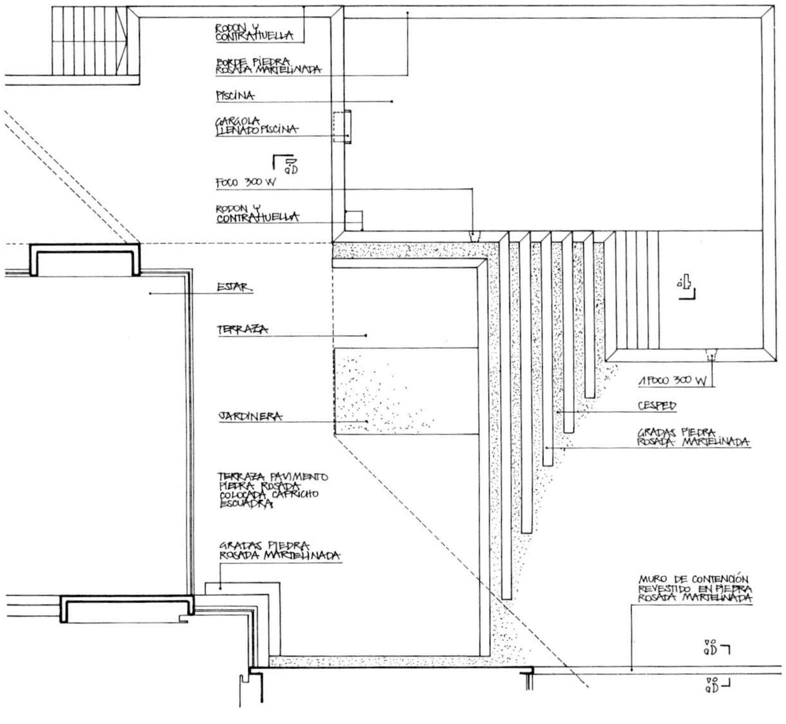

0 1 2 3m

Swiming Pool Plan 游泳池平面图

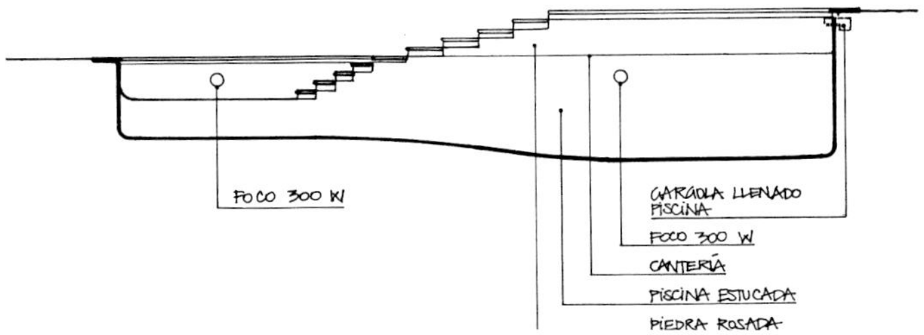

Swiming Pool Section 游泳池剖面

0 1 2 3m

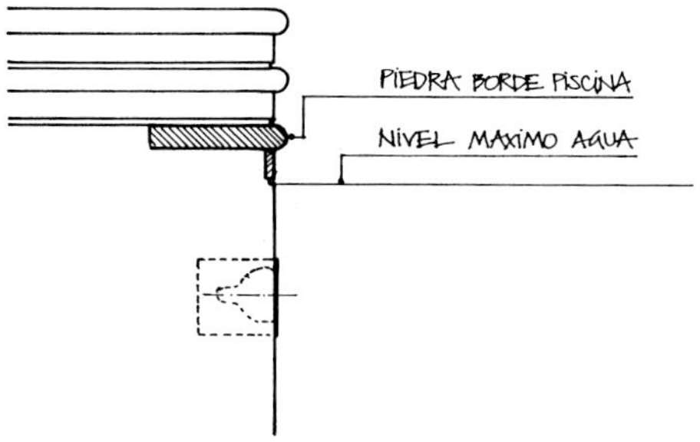

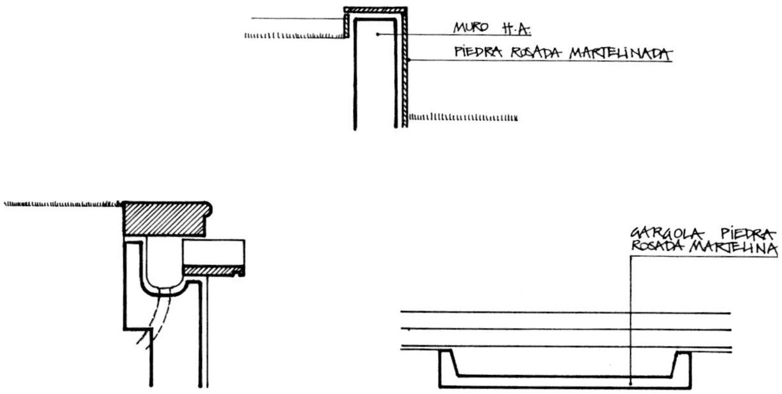

Swiming Pool Details 游泳池细部

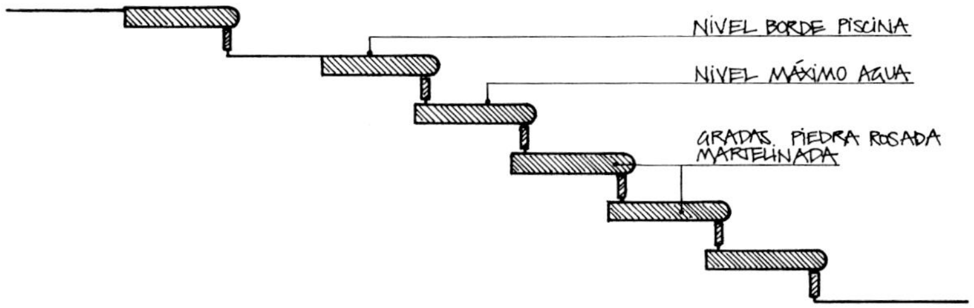

Swiming Pool Steps Details 游泳池台阶细部

0 50cm

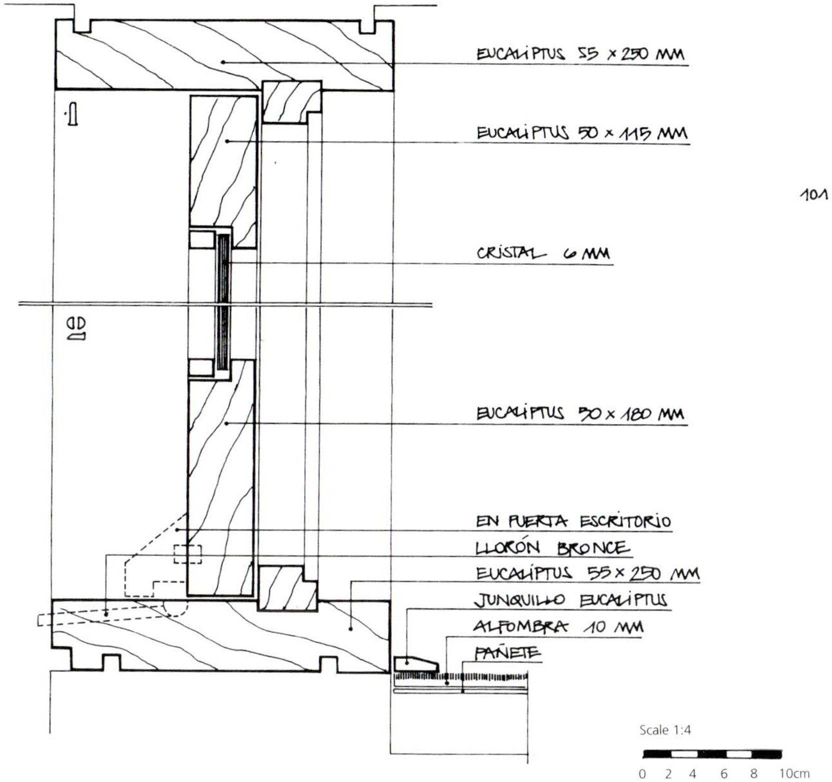

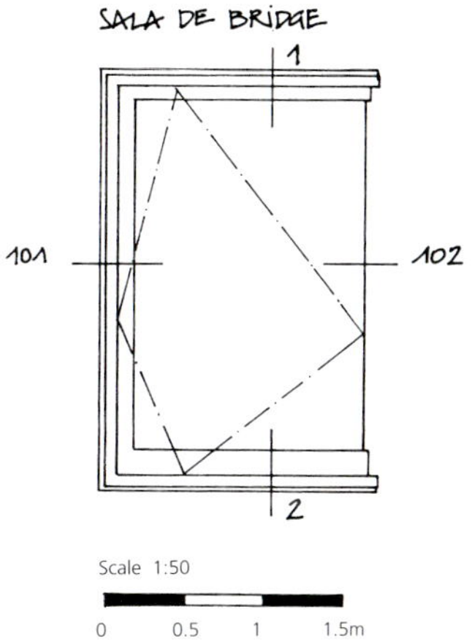

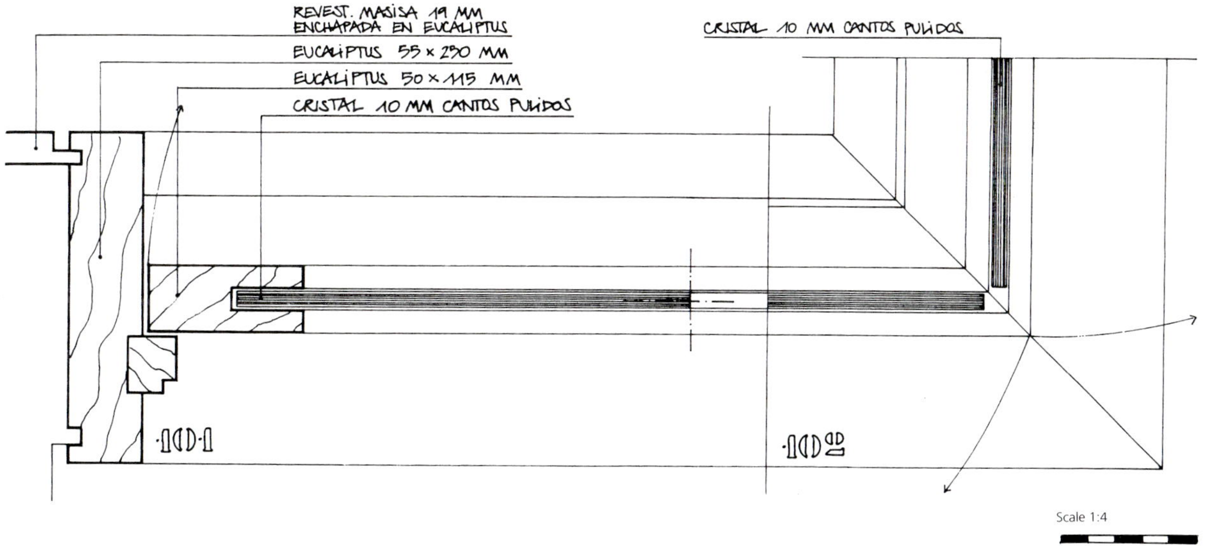

Wood Door/Window Details (Garden Elevation) 木质门、窗细部(花园立面图)

Constanza Vergara House

Algarrobo, Chile

康斯坦萨·贝尔加拉住宅

智利，阿尔加罗沃

Above: *The volume in wood, corresponding to the master bedroom, shows over the stone wall toward the street. A beautiful tree acts as a natural canopy at the entrance.*

Opposite: *The rhythm of the windows clearly registers the structure of the wooden posts and beams.*

上图：主卧室的木体量突显在面街的石墙上，一棵优美的大树作为入口的天然雨篷。

左页图：窗户的韵律清晰地显示出木质支柱和横梁的结构。

阿尔加罗沃是太平洋沿岸的海滨休养胜地，距圣地亚哥西南约75英里(约120km)。本住宅位于阿尔加罗沃的最古老、市区面积最大的城市的北端。整个场地面积很小，大约4750平方英尺(约440m^2)，直接面向海滩，高出沙滩大约7英尺(约2m)。

沿街立面像一个完全封闭的背面，全是用毛石墙构成，以便与相邻住宅的特征保持一致。沿街立面在不同平面上延伸，形成一种弓形，标志着该地域的起点。住宅面向大海的一侧用木材和玻璃构成，以此使住宅跟航行在阿尔加罗沃小海湾的帆船的轻巧、优美的构造相呼应。根据住宅结构直角的网格体系将立面分段，以便使居室面向最佳景观，并强调该住宅是城区末端的构思。

住宅内外地面都用黑白瓷砖铺贴，就像一个国际象棋棋盘，增强了悠闲和轻松的感觉。坐在屋内或平台上，人的视线能观赏到大海，就像出海航行时一样。另一方面，从二楼主卧室透过大片落地窗观景，伴随着往复来去的波浪，景色则更为动人。无论是房屋结构还是外饰面所使用的木料都是黄杉花旗松，涂以蜜黄色清漆使住宅具有暖色调。

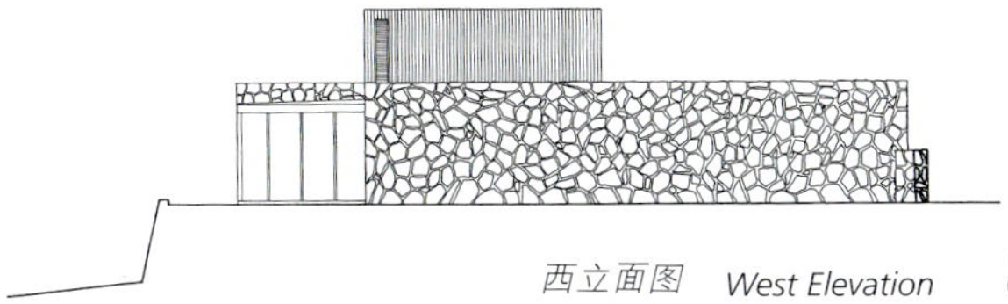

西立面图　West Elevation

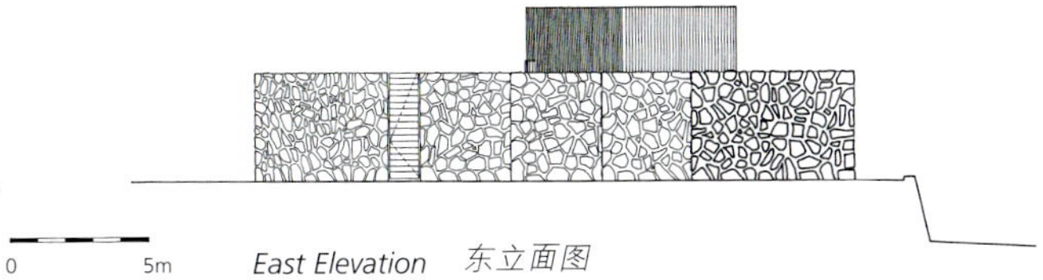

East Elevation　东立面图

Constanza Vergara House

康斯坦萨 · 贝尔加拉住宅

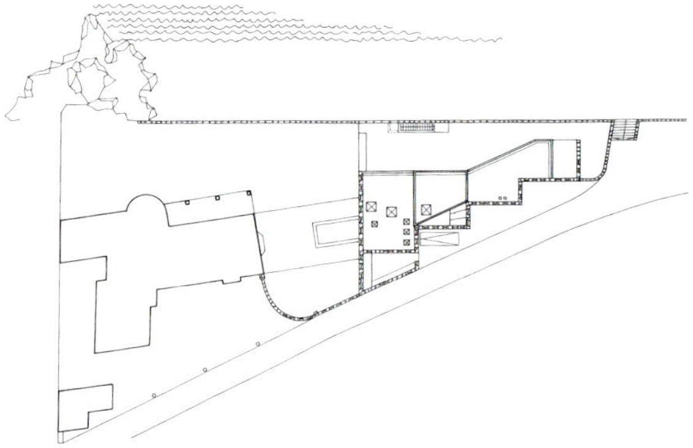

Site Plan

总平面图

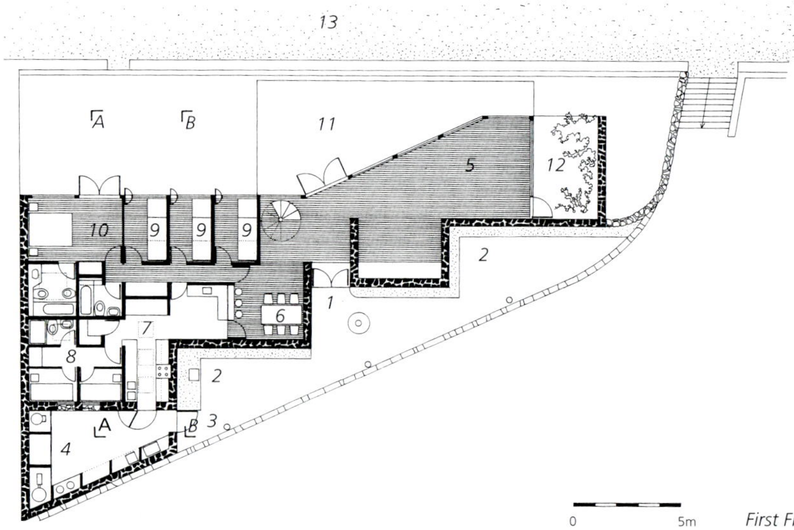

First Floor Plan

一层平面图

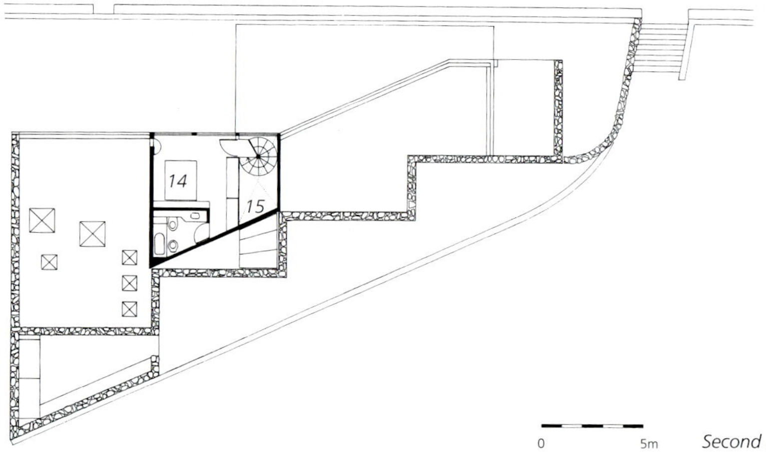

Second Floor Plan 二层平面图

1. Entrance
2. Parking
3. Service Entrance
4. Service Patio
5. Living Room
6. Dining Room
7. Kitchen
8. Service Bedroom
9. Children Bedroom
10. Guest Bedroom
11. Terrace
12. Garden Patio
13. Beach
14. Master Bedroom
15. Void

1.入口
2.停车场
3.服务人员入口
4.服务用庭院
5.起居室
6.餐厅
7.厨房
8.服务人员卧室
9.儿童卧室
10.客人卧室
11.平台
12.内花园
13.海滩
14.主卧室
15.楼梯上空

右页图：螺旋形木楼梯穿插在连接起居室和主卧室的双层通高空间中。

本页图：面向平台和大海的室内空间开阔而有连续性；石头护栏也起着防波堤的作用。

Opposite Page: *The spiral wooden staircase is inserted in the double-height space connecting the living room and the master bedroom.*

This Page: *The inner space opens uninterrupted toward the terrace and the sea; the stone railing also operates as a breakwater.*

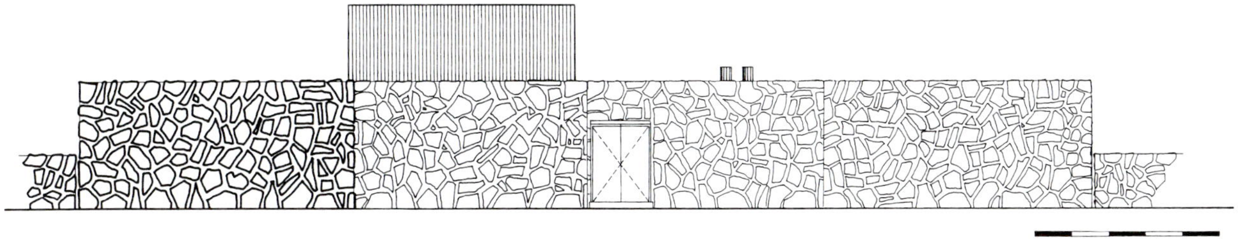

South Elevation 南立面图

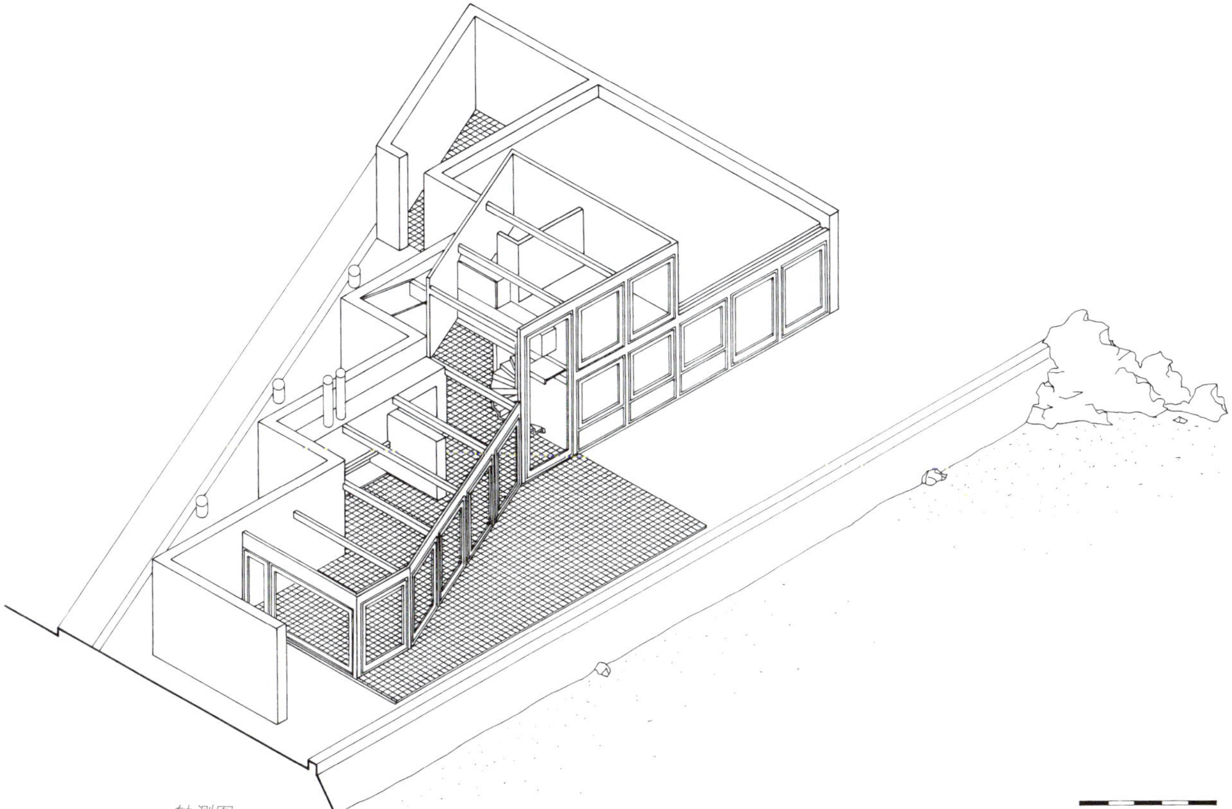

Axonometric View 轴测图

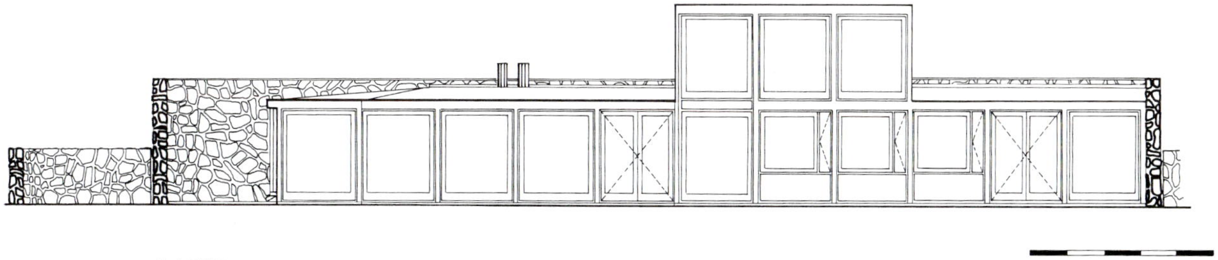

North Elevation 北立面图

Constanza Vergara House

康斯坦萨·贝尔加拉住宅

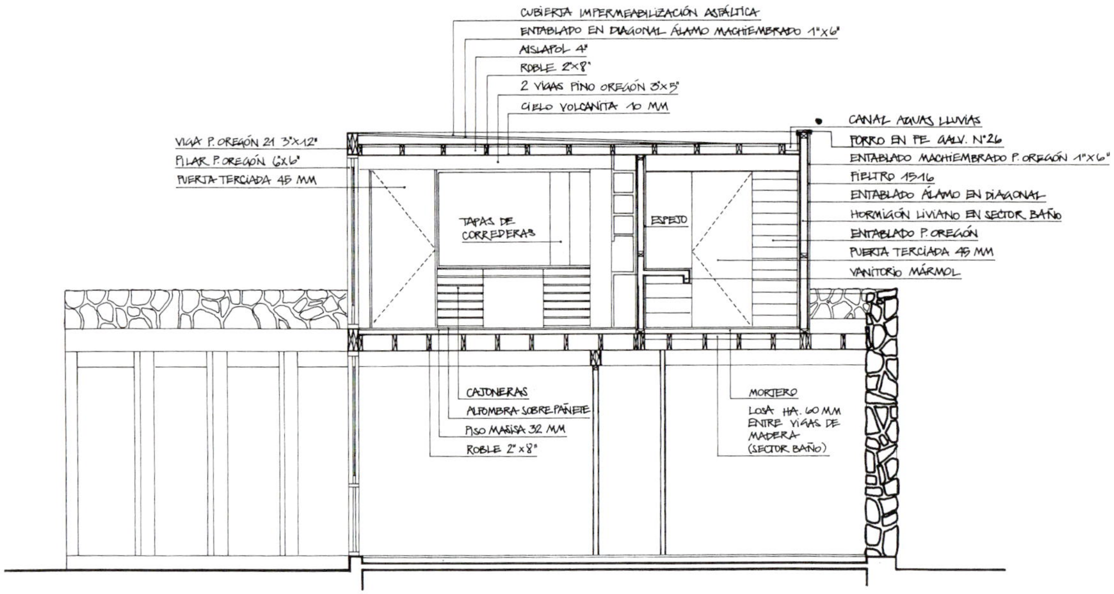

Section B-B B–B 剖面图

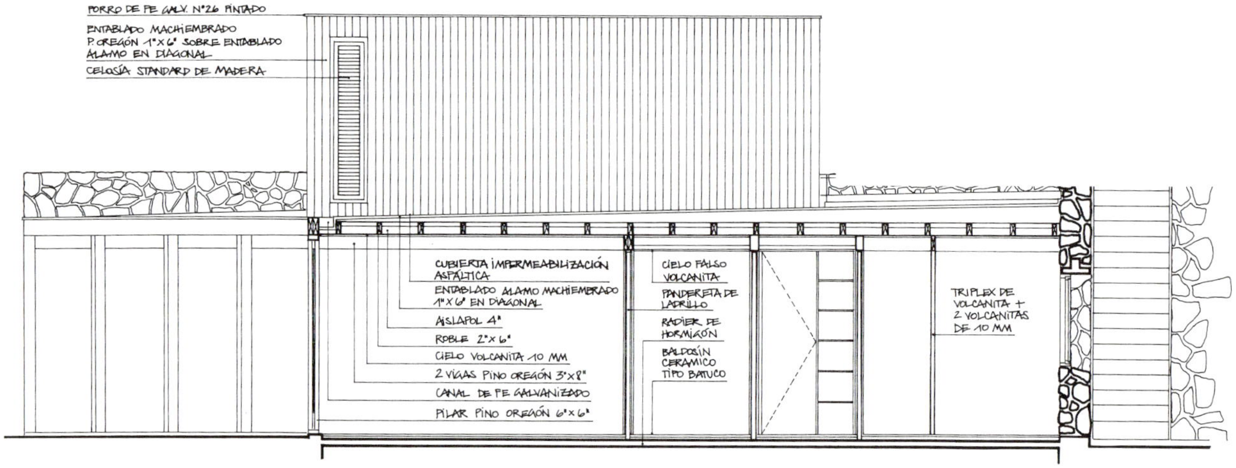

Section A-A A–A 剖面图

0 1 2m

Fuenzalida House

Santiago, Chile

富恩萨利达住宅

智利，圣地亚哥

Above: *The deviation from the orthogonal of the porch columns optically stresses the longitudinal design of the house.*

Opposite Page: *The particular conception of the garden, crossed by transverse lines of bricks, echoes the different levels of the house's longitudinal profile.*

上图：廊柱的垂直感的弱化从视觉上强调了住宅的纵向设计。

左页图：构想独特的花园，其横向砖线的跨越与住宅的不同高度的纵向轮廓相呼应。

本住宅位于圣地亚哥的西北角，拉德埃萨的美丽山谷中。场地狭长〔112 英尺(约 34m) × 230 英尺(约 70m)〕，在南北纵长向有明显的坡度，朝东是蔚为壮观的山景。地理条件十分优越——当时山谷中建筑物很少——选择一个与景观相协调的空旷、稳固的地点是完全合乎自然的。

本住宅是一幢水平伸展的大体量建筑，154 英尺(约 47m)长，26 英尺(约 8m)宽。它就像是大规模的"泥瓦工的水平面"，绘出了一条长长的地平线，以此为基准点，我们能够欣赏和感受山谷的南向缓坡和陡然起伏的山峦。狭长的建筑由两垛双层砖的平行墙和连续的木椽子构成。椽子之间的间隔是 20 英寸(约 50cm)，横跨两垛墙，并支撑着屋顶。

利用场地纵长向的斜坡，将住宅建在几个不同高度上，即北端有一个高度，中部的会客区有三个不同的高度，南端的卧室区则有两个高度。

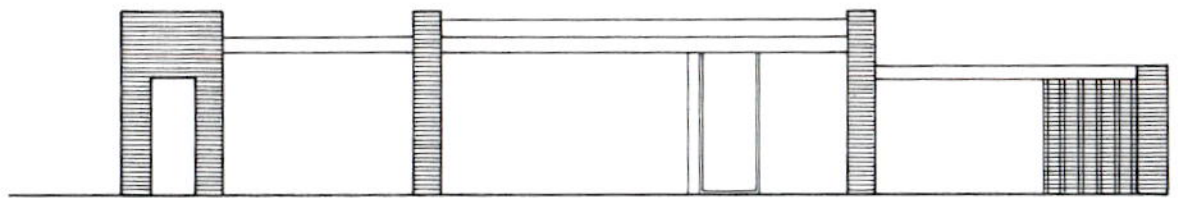

North Elevation 北立面图

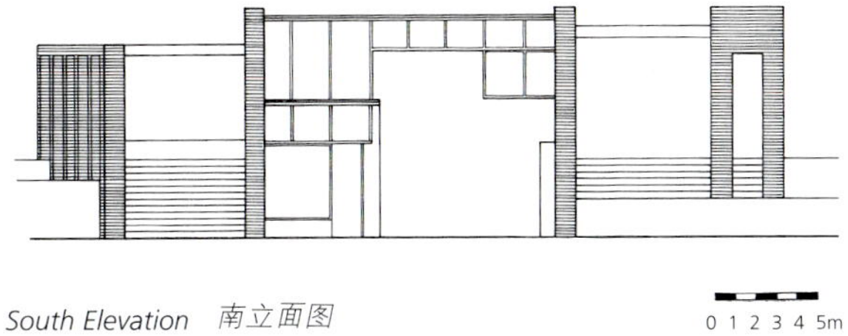

South Elevation 南立面图

Fuenzalida House
富恩萨利达住宅

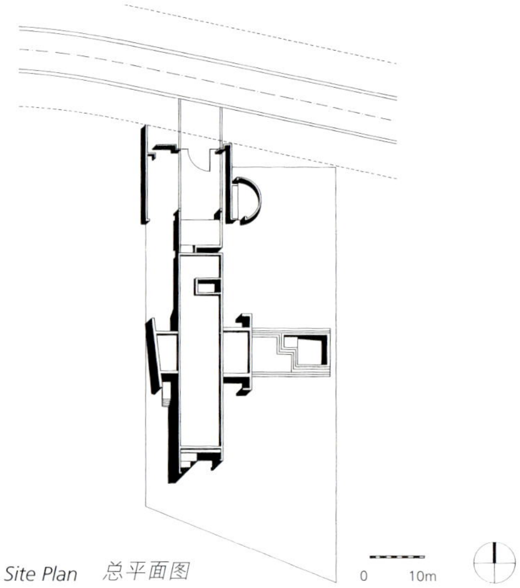

Site Plan 总平面图

1.入口	10.餐具室	1. Entrance	10. Pantry
2.门厅	11.机房	2. Entrance Hall	11. Mechanical
3.起居室	12.服务人员卧室	3. Living Room	12. Service Bedroom
4.餐厅	13.停车库	4. Dining Room	13. Carport
5.工作室	14.平台	5. Studio	14. Terrace
6.主卧室	15.游泳池	6. Master Bedroom	15. Pool
7.厨房	16.服务用庭院	7. Kitchen	16. Service Patio
8.洗衣房	17.卧室	8. Laundry	17. Bedroom
9.庭院	18.客人卧室	9. Patio	18. Guest Bedroom

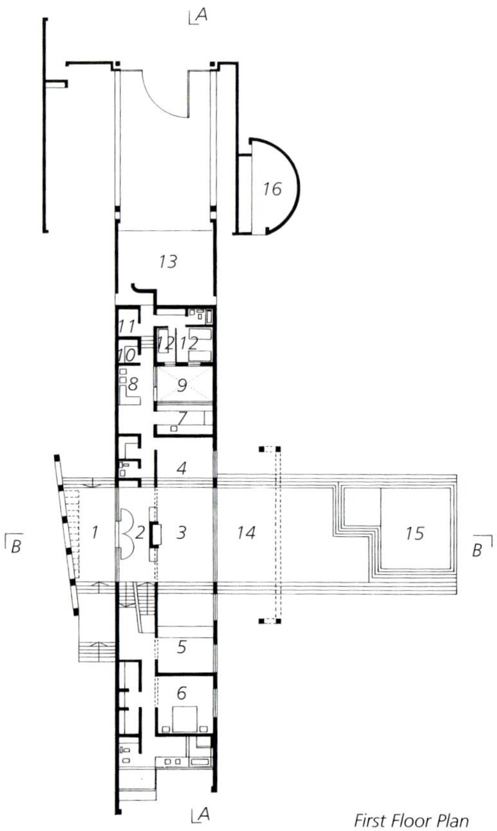

First Floor Plan
一层平面图

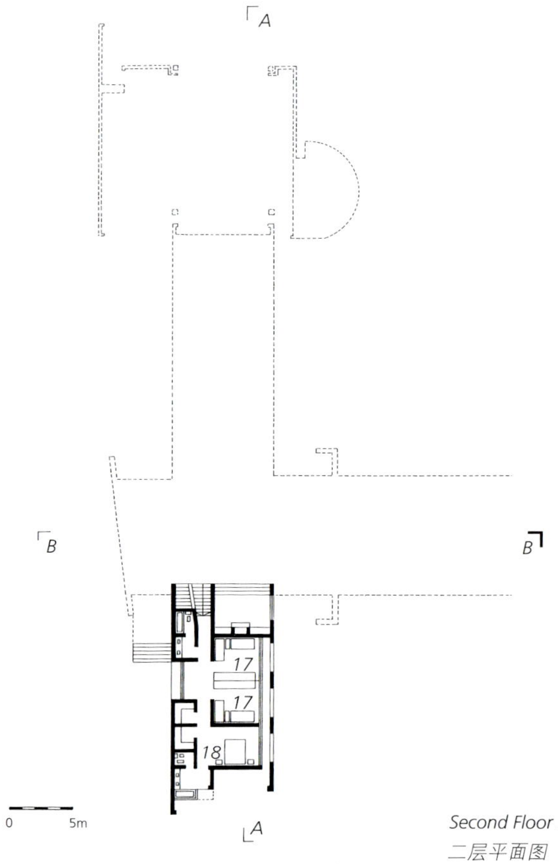

Second Floor Plan
二层平面图

本页图：由平行砖墙形成的长长的水平线构成衬托山峦轮廓的一条地平线。

左页图：平面突出地表现了用相对朴实的方案来成功地取得最大可能长度的意愿。

This Page: *The long horizontal line formed by the parallel brick walls establishes a supporting horizon for the cordilleran profile.*

Opposite Page: *The ground plan distinctly expresses the will of achieving the greatest possible length with a relatively modest program.*

本页图：墙体延伸穿过住宅本身，清楚地表达了建筑观点和结构系统的简洁。

右页图：游泳池高出平台，以便使池水能得到最佳的阳光照射。

This Page: *The walls stretch past the house itself, distinctly asserting the architectural stand and the simplicity of the constructive system.*

Opposite Page: *The swimming pool was set above the terrace level so as to allow a best sunning of the water.*

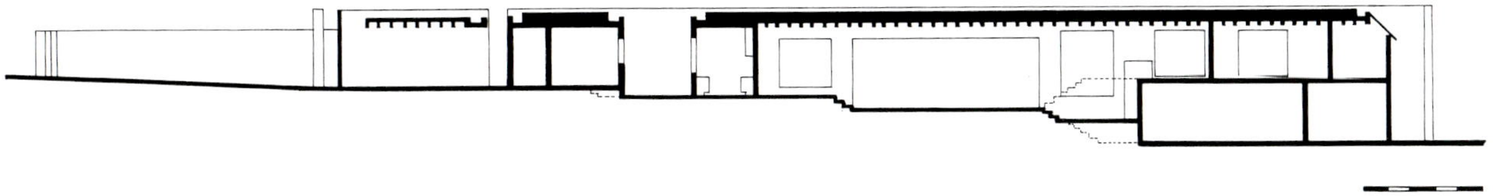

Section-AA A–A 剖面图

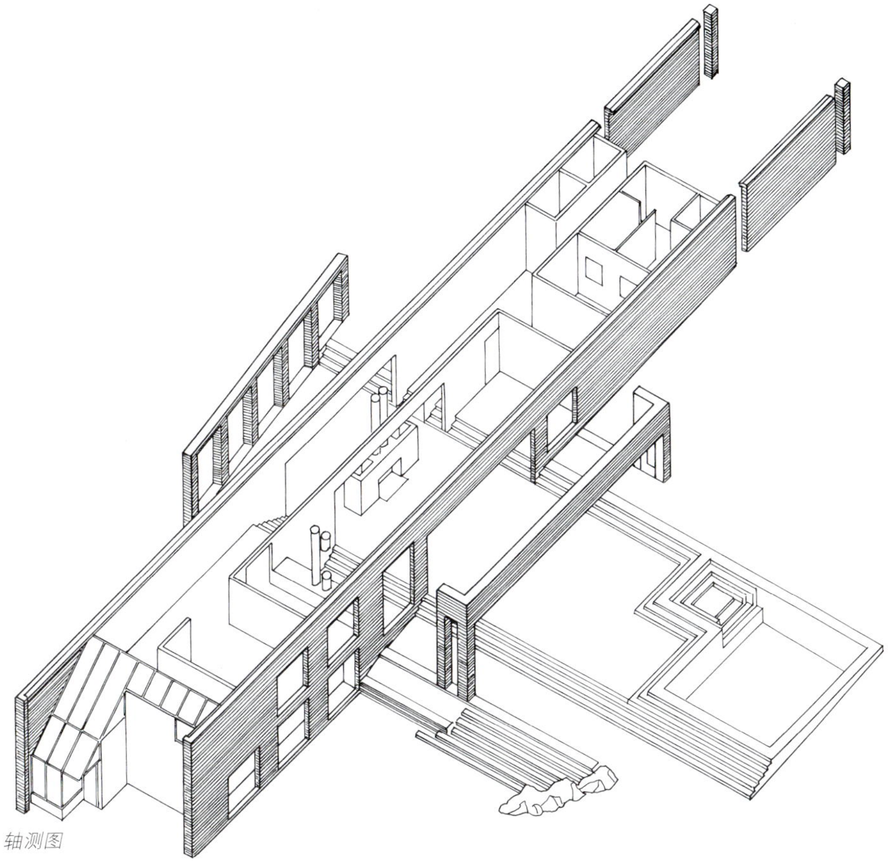

Axonometric View 轴测图

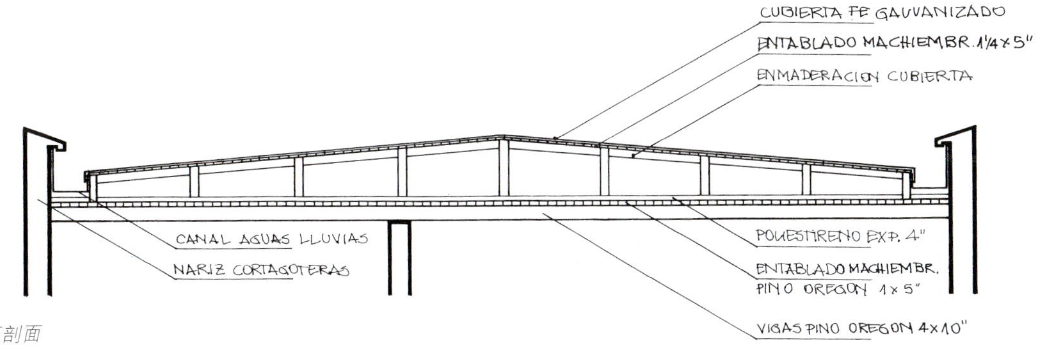

Roof Section 屋顶剖面

Fuenzalida House
富恩萨利达住宅

本页图：住宅的标高系统采用并增强了用地的南北向坡度。

右页图：会客室全景。虽然各部分共占同一空间，由于标高系统的缘故，各部分变成若干独立的、私有的空间。

This Page: *The house's system of levels assumes and enhances the north-south slope of the site.*

Opposite Page: *General view of the reception rooms. The different areas, although sharing the same space, become separated, private spaces due to the system of levels.*

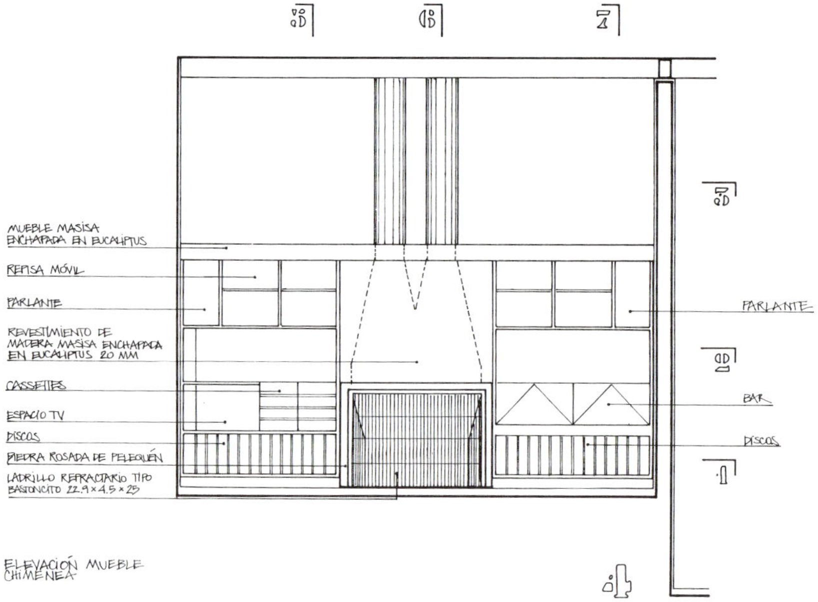

Living Room Fireplace Elevation 起居室的壁炉立面图

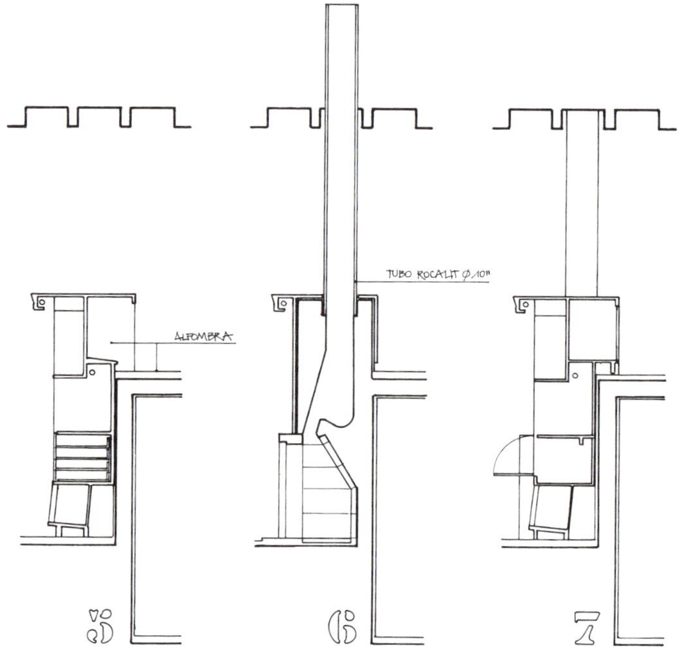

Living Room Fireplace Section 起居室的壁炉剖面图

0 1 2m

Gellona House

Santiago, Chile

赫略纳住宅

智利，圣地亚哥

Above: *Aerial view of the house showing the strict symmetry of the ground plan, which develops around the large central patio.*

Opposite Page: *Axis of the access with the patio at the far end. The landscaping follows the spirit of the Italian villas.*

上图：住宅的空中鸟瞰显示出平面的严格对称，平面布置围绕中心大庭院展开。

左页图：在远端透过庭院看入口轴线。园林布置按照意大利别墅的风格。

本住宅的用地不容置疑地是本城最壮观的地点之一，实际上从它那里能俯视整个圣地亚哥山谷。它以安第斯山脉为背景，坐落于高原之上，与平坦的缓坡相接。用地的这些独特的特征——大型的尺度，平坦的地面，由缓坡进入的通道，瞭望塔般的功能——产生了把住宅建成一幢矗立在用地最高点上的意大利式别墅的构想。其俯视轴线朝向圣地亚哥城的景观中心。

住宅入口是个大庭院，平坦对称。两边的墙体把景观引向山谷和最近的山脉，并朝向安第斯山。进入住宅时，俯瞰城市的开阔视野和周围的地理环境令人惊叹。形成庭院的墙体高度不仅有空间尺度的功能，而且也有让人看到天空景观的功能。

按照意大利别墅的风格，住宅建在向前伸展的连续对称的平台上，坡向花园和景观。设计方案没有两个主要高度，上层高度是最重要的区域——会客室、主卧室——下层高度的一侧为儿童和客人卧室，另一侧是服务区和车库。

在朝向餐厅和主卧室的起居室的两侧建有两个宽敞的平台，平台三面遮阳和避风。侧翼的服务区朝西，靠近公共入口。朝北的一垛石垒墙使住宅完全隐蔽起来。

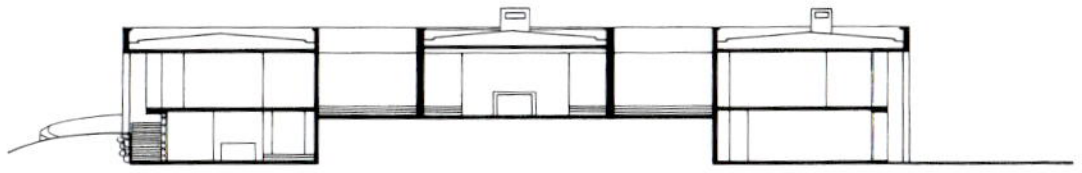

Section A-A　A–A 剖面图

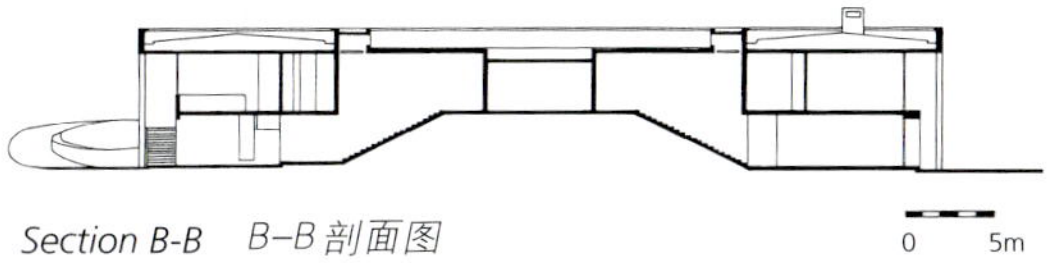

Section B-B　B–B 剖面图

Gellona House
赫略纳住宅

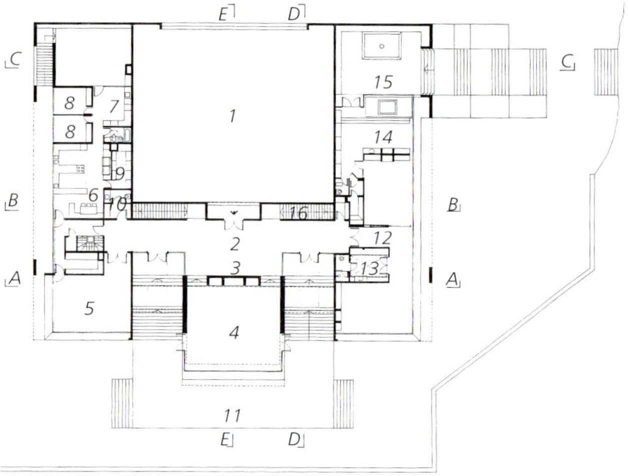

Main Floor Plan　主层平面图

1. Courtyard
2. Entrance
3. Main Hall
4. Living Room
5. Dinning Room
6. Kitchen
7. Laundry
8. Service
9. Larder/Pantry
10. Guest Bathroom
11. Terrace
12. Master Bedroom
13. Closet
14. Main Bathroom
15. Patio
16. Stairs to Lower Level
17. Bedroom
18. Family Room
19. Bar
20. Family Room
21. Service Room
22. Mechanical
23. Pavilion Living Room
24. Kitchenette
25. Dressing Room
26. Roofed Terrace
27. Swimming Pool
28. Swimming Pool Terrace

1.庭院
2.入口
3.主厅
4.起居室
5.餐厅
6.厨房
7.洗衣房
8.服务用房
9.食品室／储藏室
10.客人卫生间
11.平台
12.主卧室
13.壁橱
14.主卫生间
15.内庭院
16.通向下层的楼梯
17.卧室
18.家人用房
19.酒吧
20.家人用房
21.服务人员房
22.机房
23.厅内起居室
24.小厨房
25.更衣室
26.带顶棚平台
27.游泳池
28.游泳池平台

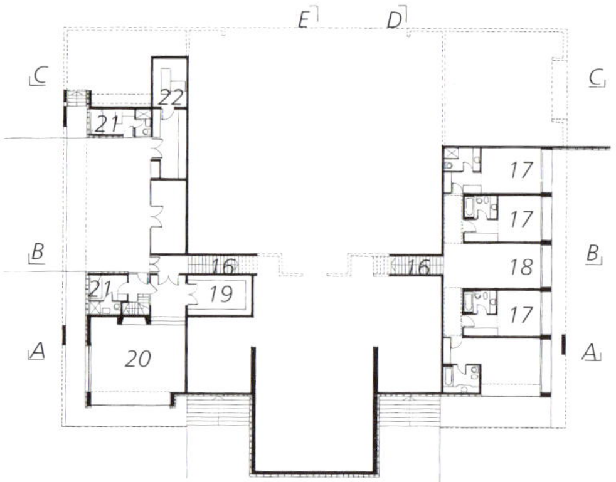

Lower Floor Plan
下层平面图

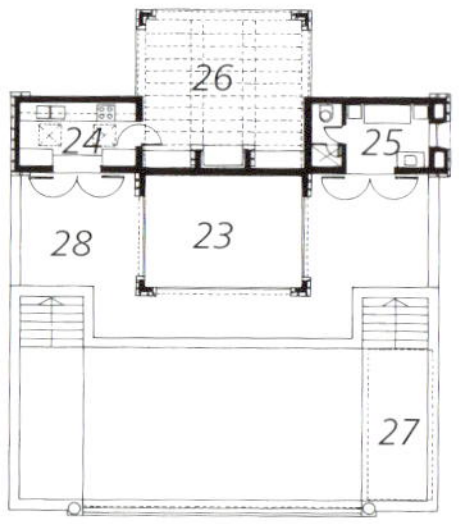

Swimming Pool Pavilion　游泳池休息厅　0　5m

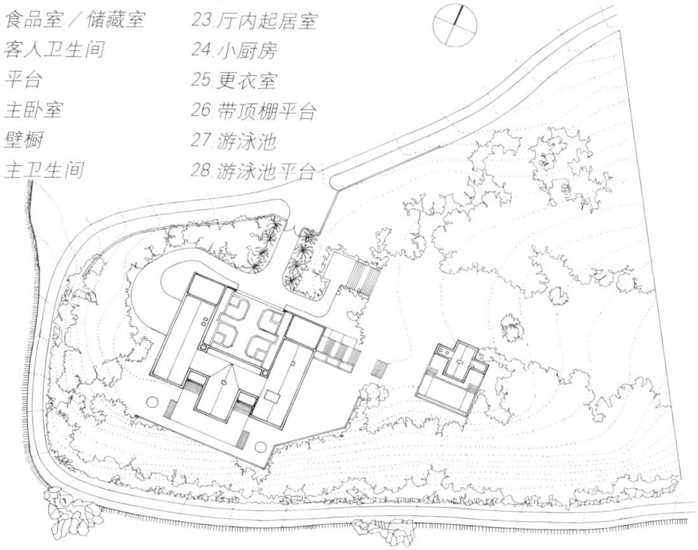

Site Plan　总平面图　0　40m

本页图：主入口庭院和游泳池休息厅效仿“雅典卫城”的用地布局风格。

左页图：由于特殊的地理条件，此处过去是人们喜欢进行“三角翼”运动(悬挂式滑翔)的地方。平面图明显地使人联想到这一运动。

This Page: *The main access patio and the swimming-pool pavilion follow the "Acropolis" nature of the site.*

Opposite Page: *Due to its particular geographic characteristics, the place used to be a popular spot for practicing "delta-wings" sport (hang gliding). The ground plan is an unequivocal evocation of that use.*

本页图：花园的平面布置和部分各种不同室外工艺品完全与住宅的身份和场地的独特性质相协调。

右页图：外观的处理尽最大可能加以简化，这样就突出了墙体、横梁和窗户的不同寻常的尺度。

This Page: *The planning of the garden and the proportions of the various exterior works are in perfect tuning with the status of the house and the unique character of the site.*

Opposite Page: *The treatment of the façades was simplified to the utmost, thus accentuating the unusual scale of the planes of walls, beams and windows.*

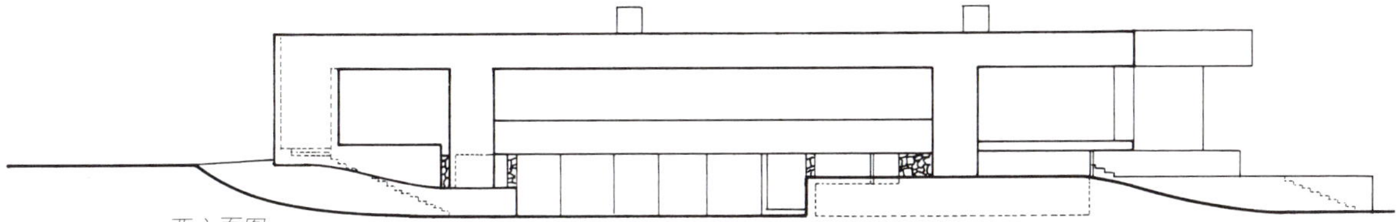

West Elevation 西立面图

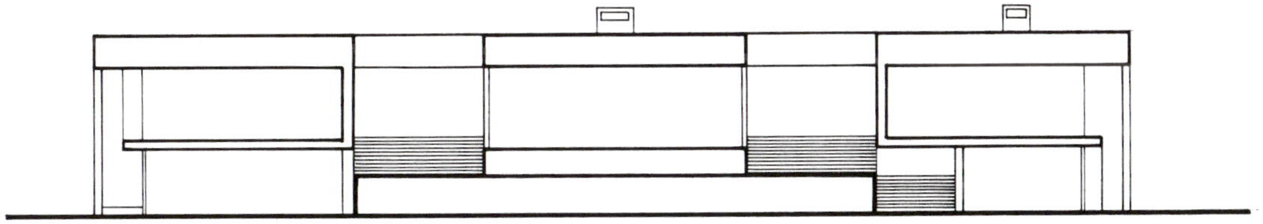

South Elevation 南立面图

Section C-C C–C剖面图

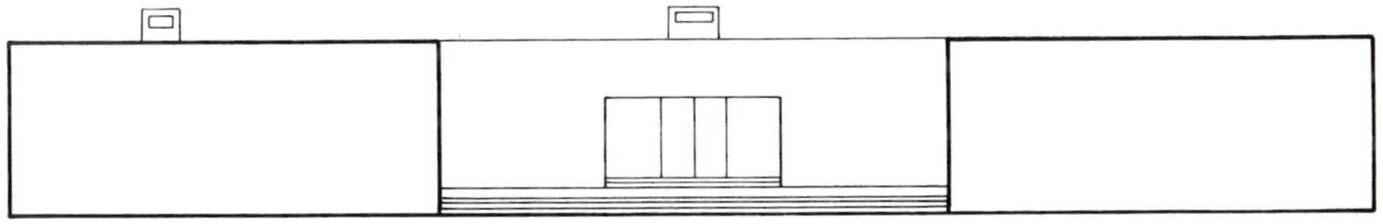

North Elevation 北立面图

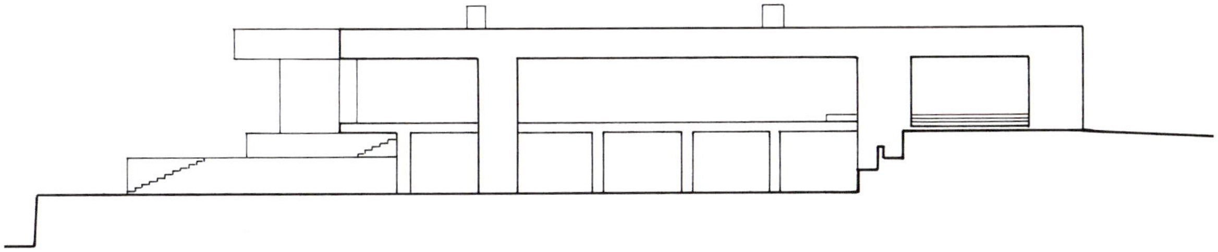

East Elevation 东立面图

0 5m

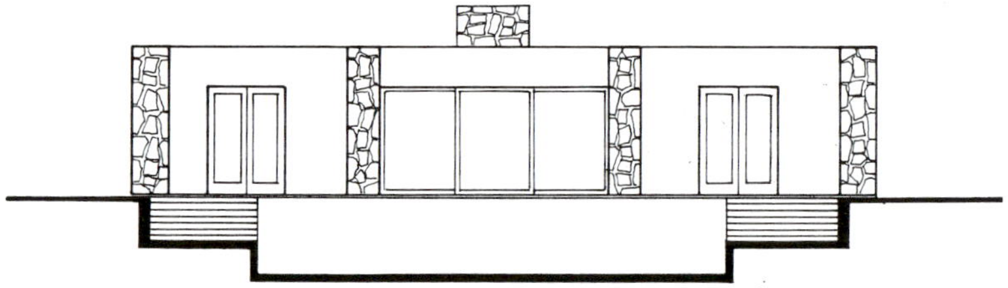

Swimming Pool Pavilion Section A-A
游泳池休息厅 A–A 剖面图

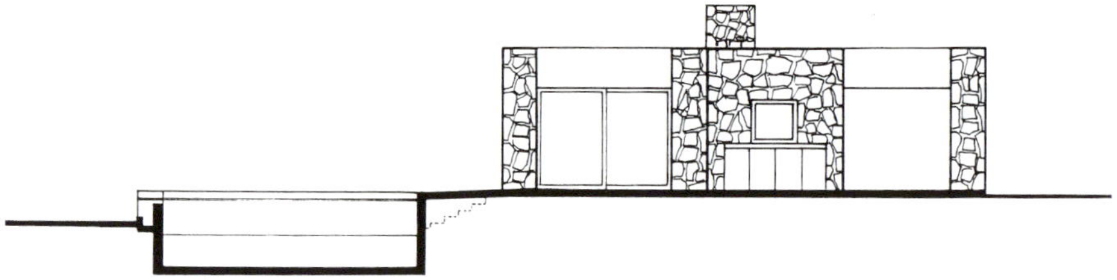

Swimming Pool Pavilion Section B-B
游泳池休息厅 B–B 剖面图

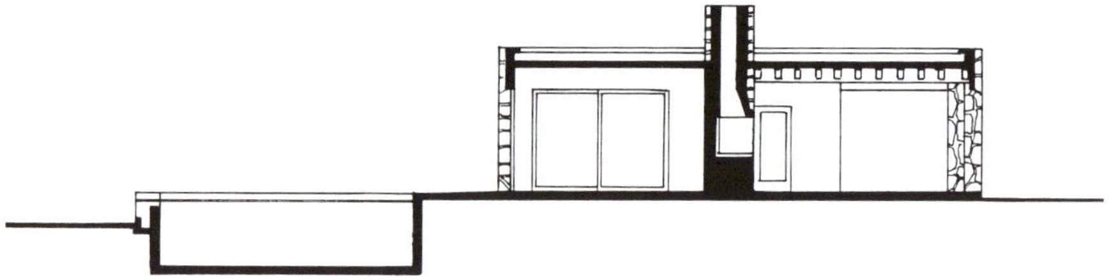

Swimming Pool Pavilion Section C-C
游泳池休息厅 C–C 剖面图

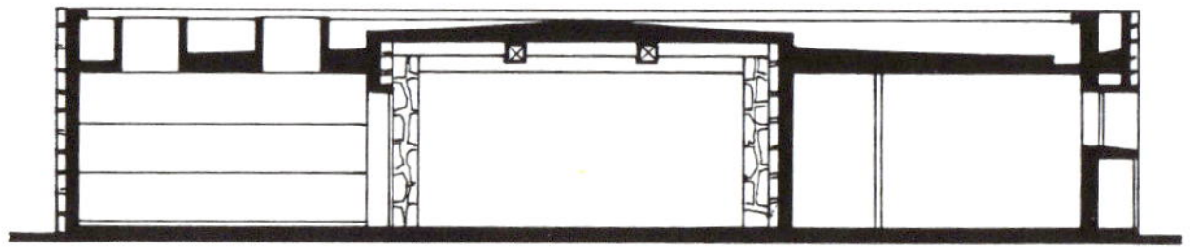

Swimming Pool Pavilion Section D-D
游泳池休息厅 D–D 剖面图

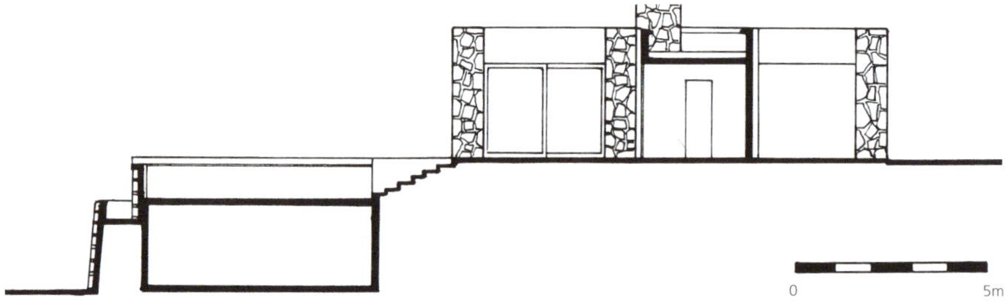

游泳池休息厅 E–E 剖面图
Swimming Pool Pavilion Section E-E

This Page: *The large access gallery is in harmony with the magnitude of the house. The interior design belongs to the proprietor, not the architects.*

Opposite Page: *The bottom left photograph clearly conveys the sensation of being suspended over the city of Santiago.*

本页图：宽敞的入口门廊与住宅的大体量一致。室内设计属于业主而不是建筑师。

左页图：左下照片清晰地表达出凌空于圣地亚哥城上方的感觉。

Matte House

Zapallar, Chile

马特住宅

智利，萨帕亚尔

Above: *The swimming pool hangs over the resort bay, giving an impression of continuity with the sea. Two tall pines frame the view.*

Opposite Page: *The house was conceived as a geography of turrets and walls merging with the site. The effect is emphasized by the extensive use of local stone.*

上图：游泳池突出在胜地海湾之上，给人以向海洋延伸的印象。两棵高大的松树框构了这一景观。

左页图：把住宅看成与用溶合的角楼和墙体的布局。大量采用当地石材则突出了这一效果。

本住宅坐落在风景秀丽的海滨胜地，在萨帕亚尔海滩西端的海湾渔场上方。此用地是一座旧庄园的花园和通向海滩的入口通道的一部分。该庄园在1970年地震后被毁。除了曾遭破坏的茂盛的植被以及参天的老松树外，场地上还有平台、墙体和坡道的基础结构。坐落在一块巨大岩石上的塔楼则用作面向海湾和海滩的瞭望塔。所有这些结构都是用该胜地的一些老房子所使用的典型石材建造的。

作为建筑设计主题的一部分，最初的基本决策之一就是将墙体、平台坡道和塔楼的整个基础结构结合到新建筑中去。这样，住宅所重现的空间和景观会与建筑师以前第一次见到的完全一样。新的结构和旧的遗留部分的融合，使此项工程犹如一个遗址，最终深深地融入到美景之中。

此项工程提供了这样一个场地布局：三座矮粗的角楼与崎岖陡峭的智利海岸线相呼应。一群细高的塔楼伸向天空，与体现用地基本特色的巨松的参天树干形成对照。这些塔楼确定了一种韵律，规定了设计中各要素的风格。起居区布置在楼顶的平台上，像树枝一般伸向空中。只有石头和玻璃两种材料并列使用，以求建成一座毫不累赘、简朴的建筑，与地形和植被相互渗透、相互交织、相互辉映。

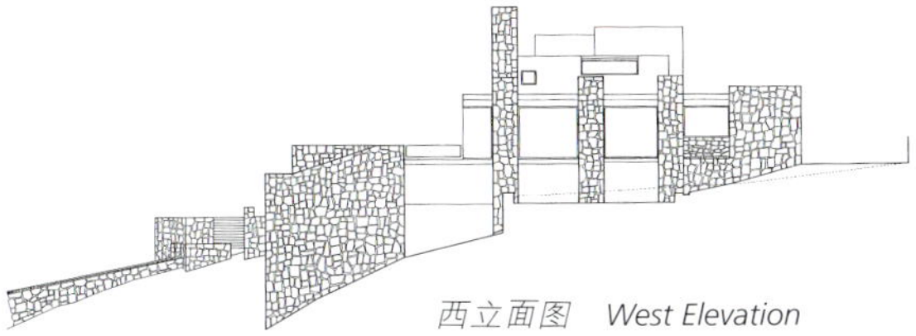

西立面图 West Elevation

0 5m

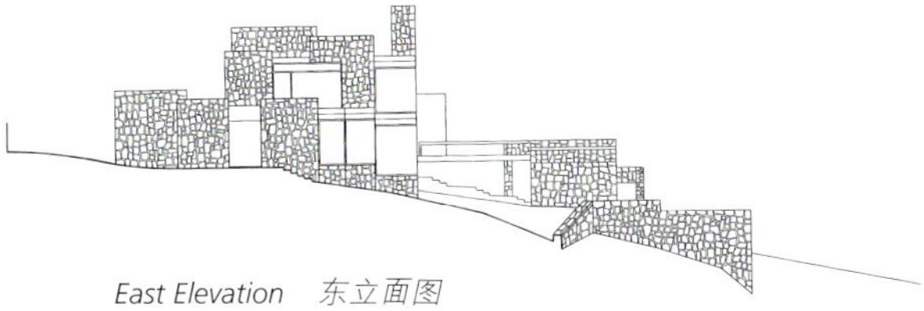

East Elevation 东立面图

Matte House
马特住宅

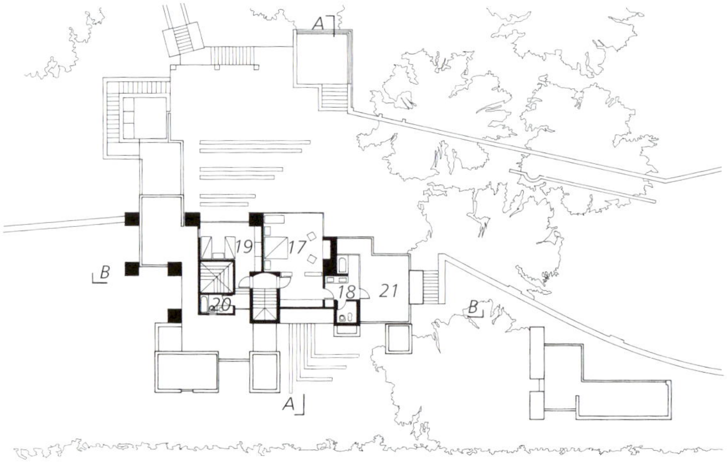

First Floor Plan　一层平面

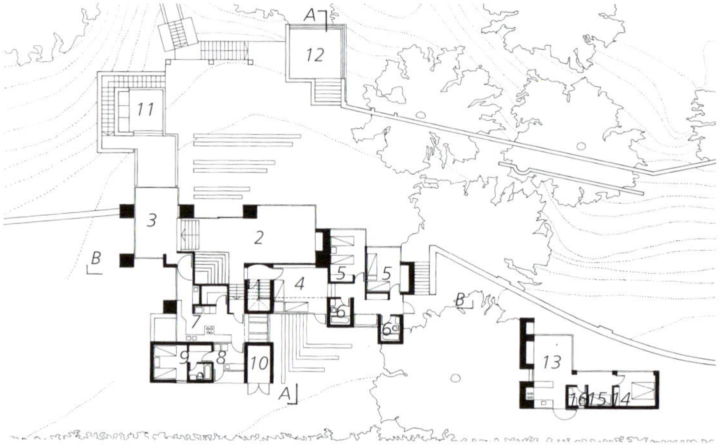

Second Floor Plan　二层平面

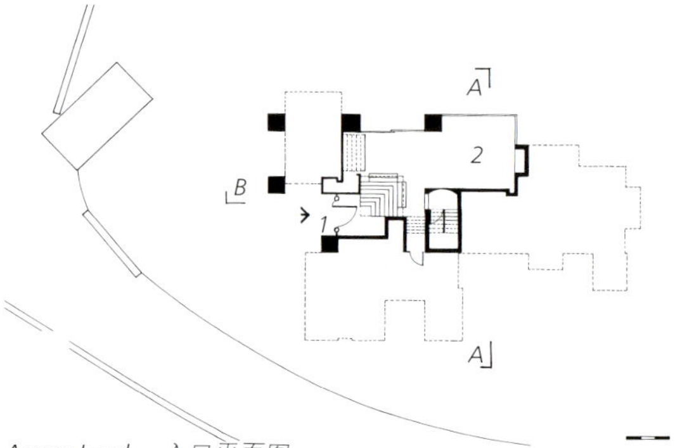

Access Level　入口平面图

0　3m

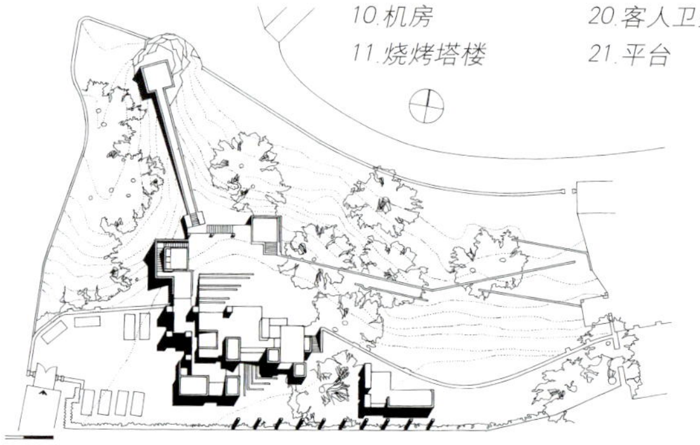

Site Plan　总平面图

0　15m

1. Entrance
2. Living Room
3. Dining Room
4. Family Living Room
5. Bedroom
6. Bathroom
7. Kitchen
8. Laundry
9. Service Bedroom
10. Mechanical
11. Barbecue Tower
12. Swimming Pool
13. Butler's Living Room/Kitchen
14. Butler's Main Bedroom
15. Butler's Bedroom
16. Butler's Bathroom
17. Master Bedroom
18. Bathroom
19. Guest Bedroom
20. Guest Bathroom
21. Terrace

1.入口
2.起居室
3.餐厅
4.家人起居室
5.卧室
6.卫生间
7.厨房
8.洗衣房
9.服务人员卧室
10.机房
11.烧烤塔楼
12.游泳池
13.管家起居室／厨房
14.管家主卧室
15.管家卧室
16.管家卫生间
17.主卧室
18.卫生间
19.客人卧室
20.客人卫生间
21.平台

本页图：住宅隐藏在景色壮丽的树丛中，而石块和塔楼表示出它的存在。

左页图：平面图清楚地显示出建筑对角楼和残墙的适应，正如同对覆地的树丛的适应一样。

This Page: *The house camouflages itself with the splendidly wooded landscape, while the stones and towers assert its presence.*

Opposite Page: *The ground plans clearly show the adaptation of the architecture to the turrets and walls-vestiges, just as to the trees covering the place.*

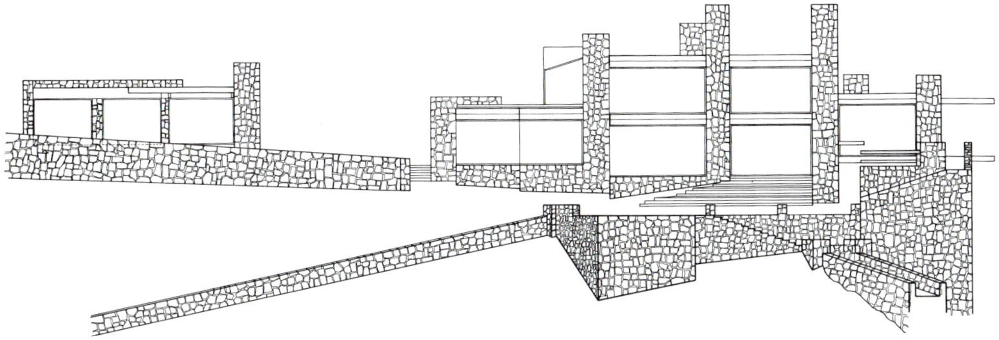

North Elevation 北立面图

Axonometric View 轴测图

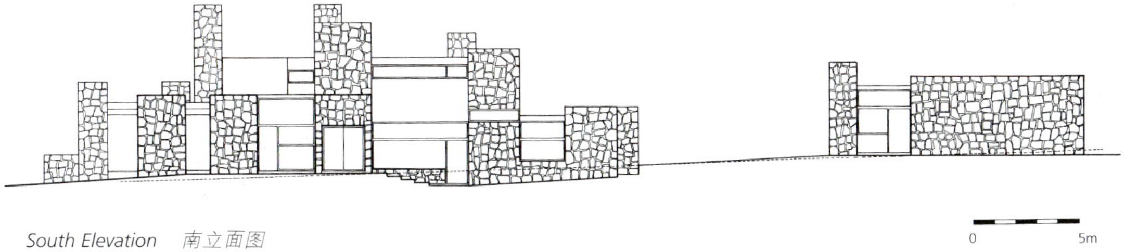

South Elevation 南立面图

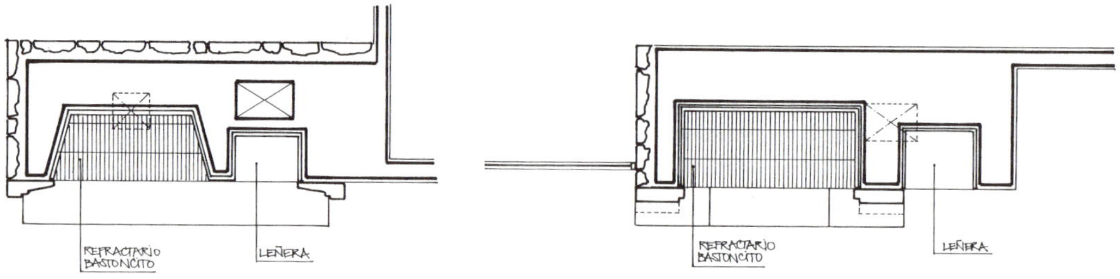

Living Room/Master Bedroom Fireplace Plans 起居室／主卧室壁炉平面图

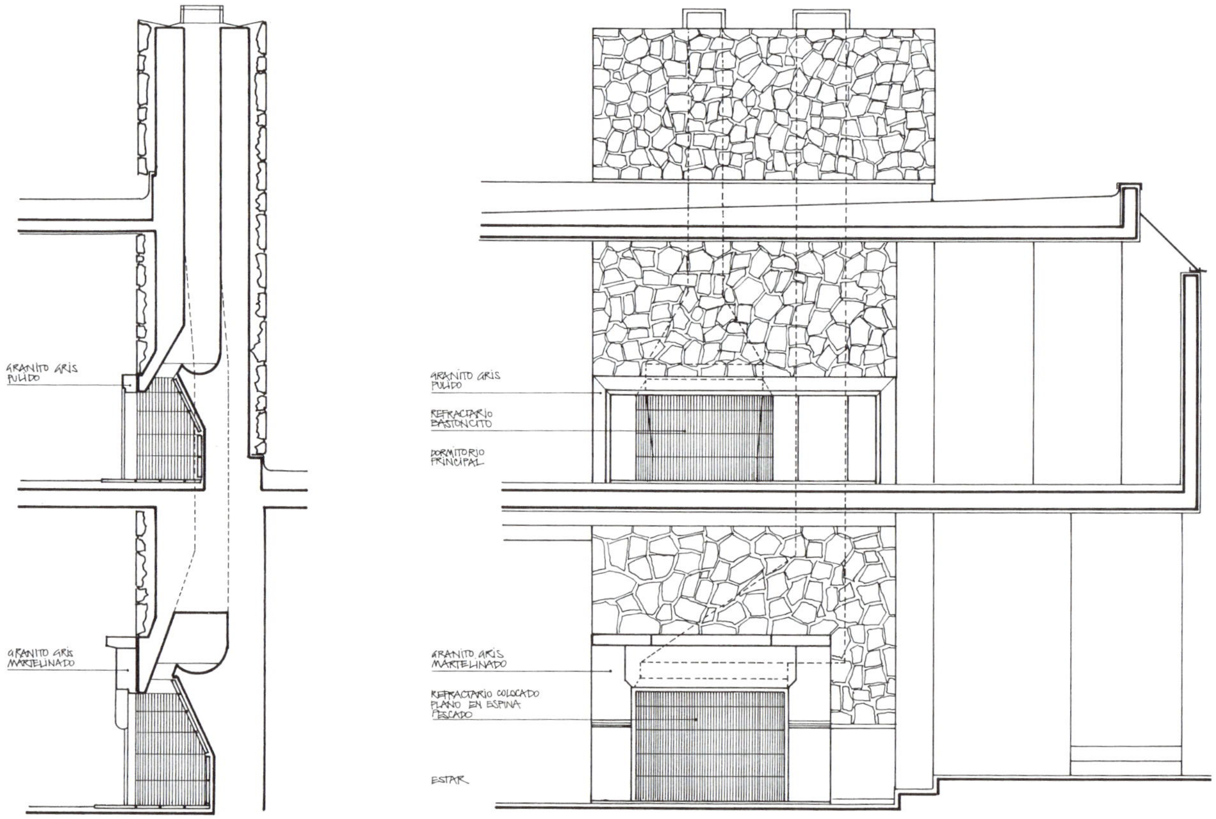

Living Room/Master Bedroom Fireplace Section and Elevation 起居室／主卧室壁炉剖面和立面图

0 1 2m

Orrego House

El Pangue, Chile

奥雷戈住宅

智利，埃尔潘格

Above: *The long street, forming the spine of the house and constituting the connecting element of the whole, ends on the south in a turret, which dramatizes the descent to the site.*

Opposite Page: *General view of the variety of volumes forming the house, bound together by the contrasting linear street.*

上图：长街形成住宅的主干并组成了整体的连接构件，其南端头是塔楼，使用地的斜坡更加醒目。

左页图：构成住宅的各空间体量的外观全景。由一条与之形成对照的直线型长街把这些空间体量串连在一起。

住宅坐落在美丽的海滨，位于距萨帕亚尔和卡查瓜(Cachagua)的传统沙滩胜地等距离的中间地带，面向美妙的“埃尔潘格”岩石海湾。用地约有54000平方英尺(约5000m²)，处于连接海边胜地的新旧道路之间的山坡上。

从用地到大海的一半路途上，朝南有一大片巨大的桉树林，透出大海和岩石的景色，使日落变成魔幻奇观。住宅的主人是一对非常敏感的夫妇，他们想使住宅成为他们生活中的一个真正转折点。他们对这项工程抱有很高的期望，甚至到了想把它描绘成“笑逐颜开的住宅”(“Maison Sourire”)的程度。

住宅的建筑条状构成与桉树林滤网般的屏障形成环境上的对比。而且，使住宅完全隐秘，将来自用地上方的路面噪声隔开。

为了获得这一效果，则设计了一条7英尺(约2m)宽的实实在在的“街道”。这条街由一道连接所有房间的中空夹壁墙形成——起着阻挡来自路面噪声污染和视觉屏障的作用——顶部开敞，封有双层密封玻璃。沿“街”各个房间形成一个“城镇”，中间的开敞空间，像是供休息和思考用的小型广场。

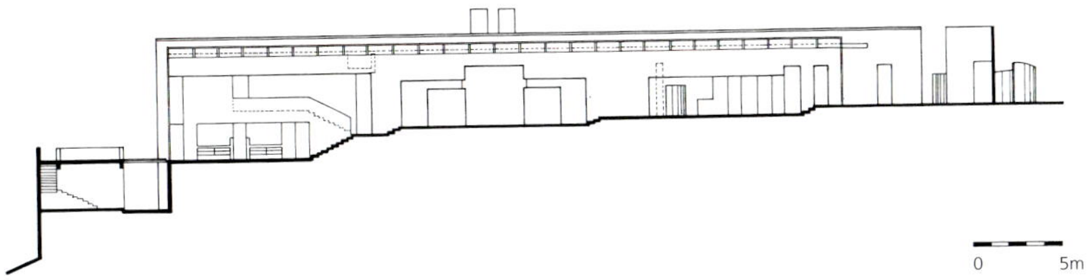

Section A-A　*A–A 剖面图*

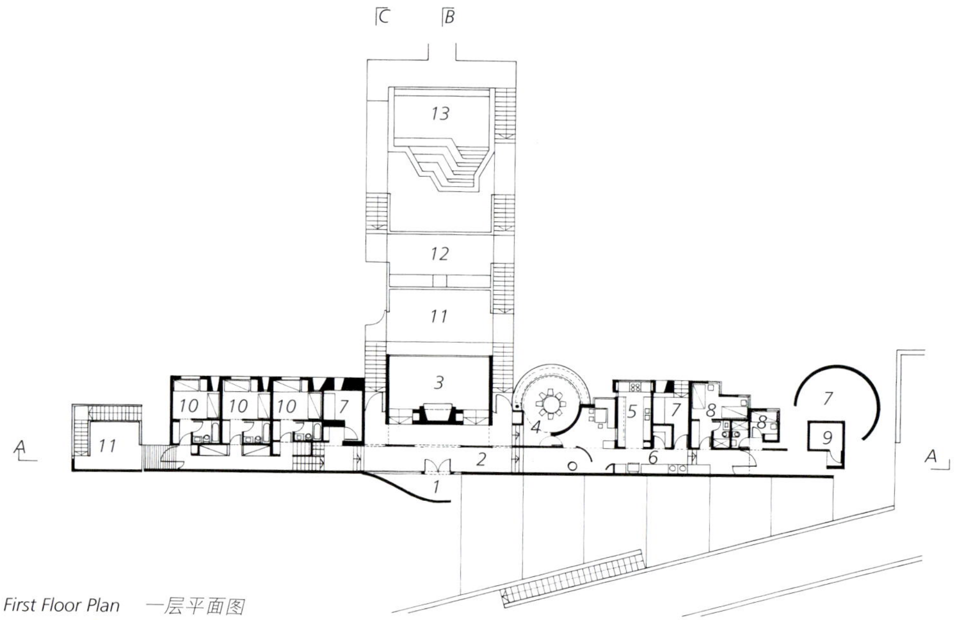

1. Entrance
2. Interior "Street"
3. Living Room
4. Dining Room
5. Kitchen
6. Laundry
7. Patio
8. Service Bedroom
9. Mechanical
10. Bedroom
11. Terrace
12. Barbecue Terrace
13. Pool

First Floor Plan 一层平面图

1.入口
2.内"街"
3.起居室
4.餐厅
5.厨房
6.洗衣房
7.庭院
8.服务人员卧室
9.机房
10.卧室
11.平台
12.烧烤平台
13.游泳池

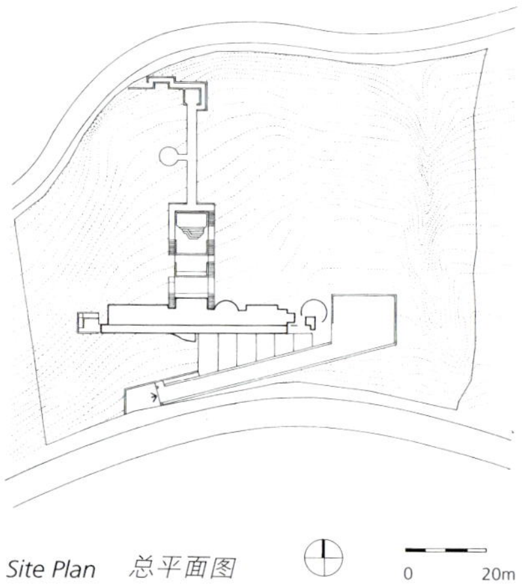

Site Plan 总平面图

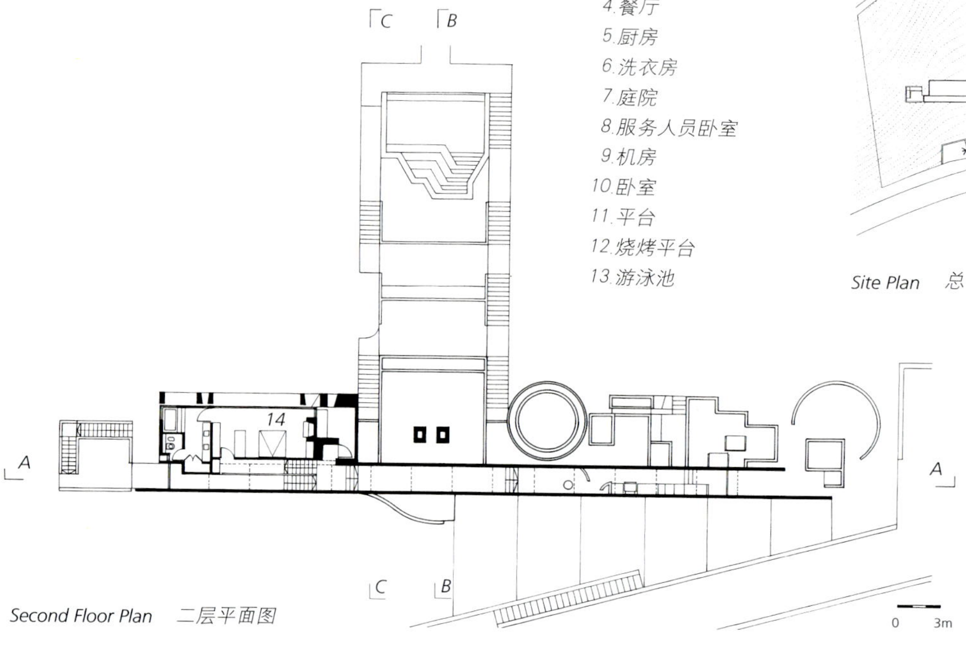

Second Floor Plan 二层平面图

本页图：下面三张照片显示出不同高差情况下的街景。天棚采光结构也是用于侧面稳定墙体的目的。

左页图：平台和游泳池系统与住宅垂直，也是连接经过场地侧面的上下道路的构件。

This Page: *The three lower photographs show the street with its different levels. The skylight structure also serves the purpose of stabilizing the walls laterally.*

Opposite Page: *The system of terraces and swimming pool, laid out perpendicular to the house, is also the element that connects the upper and lower roads flanking the site.*

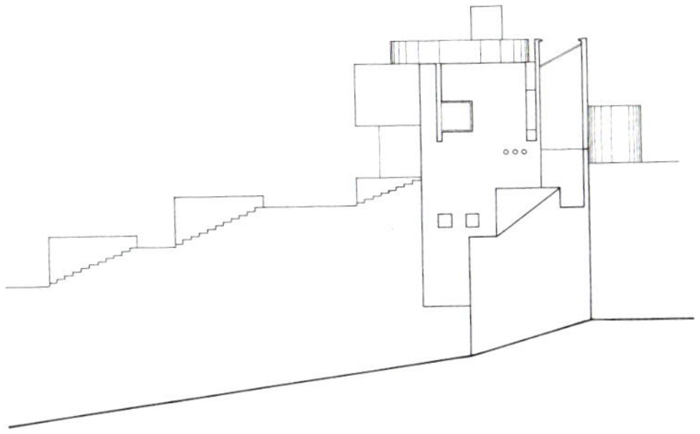

West Elevation 西立面图

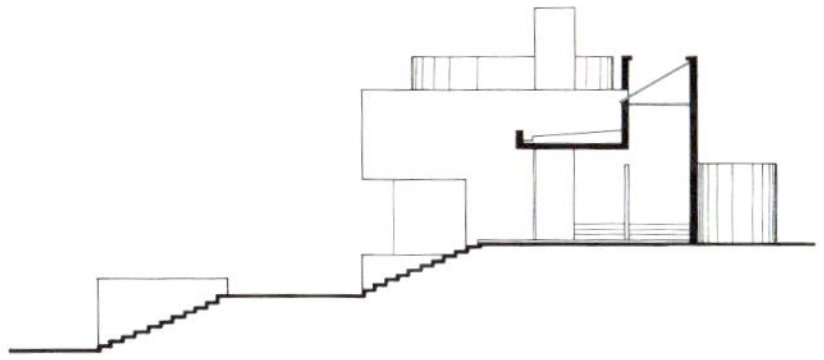

Section C-C C–C剖面图

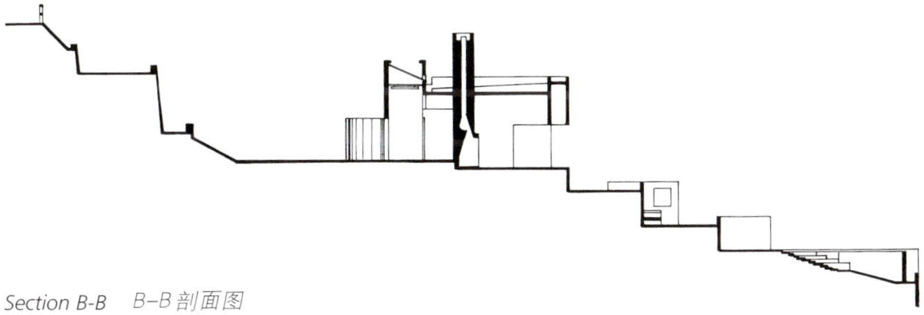

Section B-B B–B剖面图

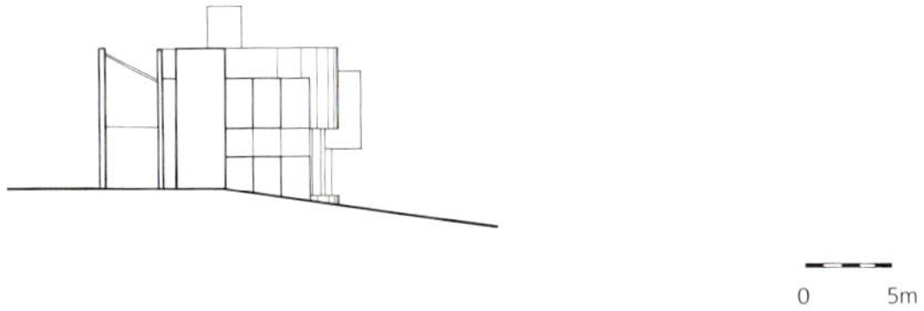

East Elevation 东立面图

This page: *The construction materials were reduced to a strict minimum, leaving all eloquence to space and light.*

Opposite Page: *The inner wall system of trimmings is determined by the importance of the rooms it gives access to, in this case the main living room.*

本页图：建筑材料用量严格地降低到最低限度，留给空间和光线进行更多地表现。

左页图：装饰品的内墙体系由内墙通向房间的重要性决定。照片上是通向主起居室的内墙。

Orrego House
奥雷戈住宅

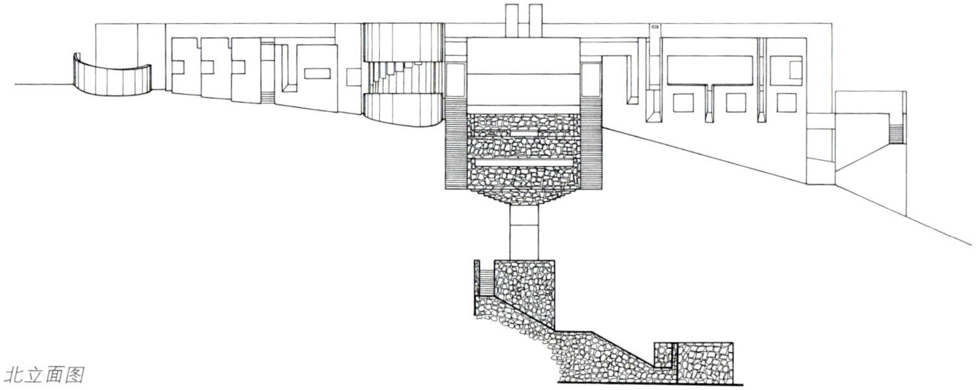

North Elevation 北立面图

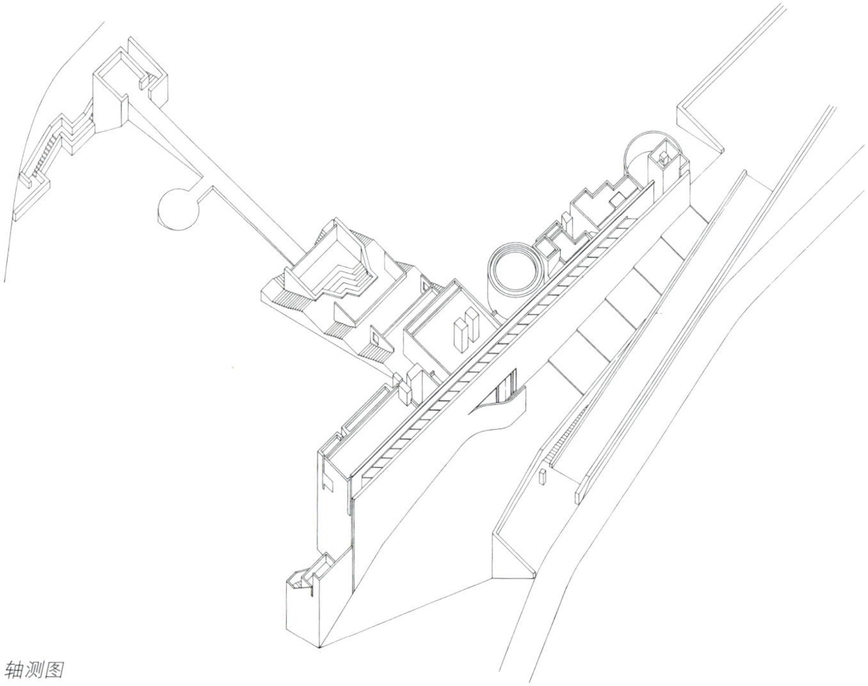

Axonometric View 轴测图

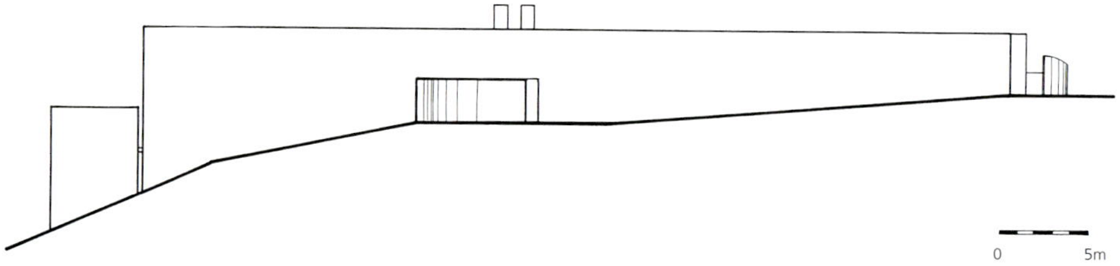

南立面图
South Elevation

本页图：上图为主卧室，透过桉树林屏障可俯视大海。这一层滤纱把日落变成魔幻般的景色。

左页图：对于道路而言，住宅的不易通达性，与面海的住宅空间体量和平台的开放性形成对照。

This Page: The master bedroom's upper photograph, dominates the view toward the ocean through a screen of eucalyptus. Sunset behind this filter becomes a magic sight.

Opposite Page: The impenetrability of the house with regard to the road contrasts with the openness of its volumes and terraces toward the sea.

本页图：这是住宅中的一种不多见的向天空敞开的小空间，但是却可以使我们的业主与住宅的其他居住者完全隔离开。

右页图：混凝土外露的平台和游泳池如同整个工程一样，对建筑材料的品质要求十分严格。

This Page: *One of a few small areas open to the sky yet granting to our client complete isolation from the rest of the house dwellers.*

Opposite Page: *The terraces and swimming pool, in exposed concrete, share the sternness of materials characteristic of the entire work.*

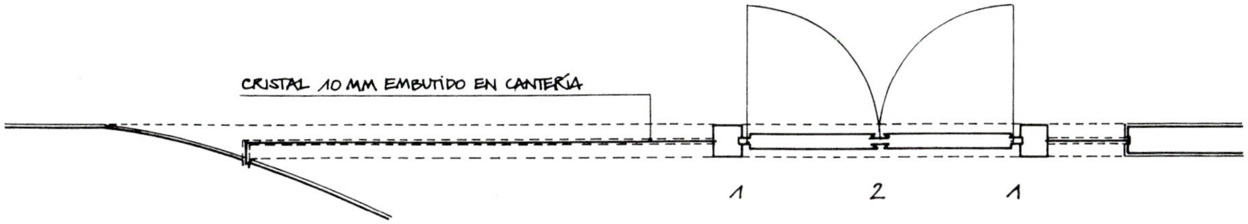

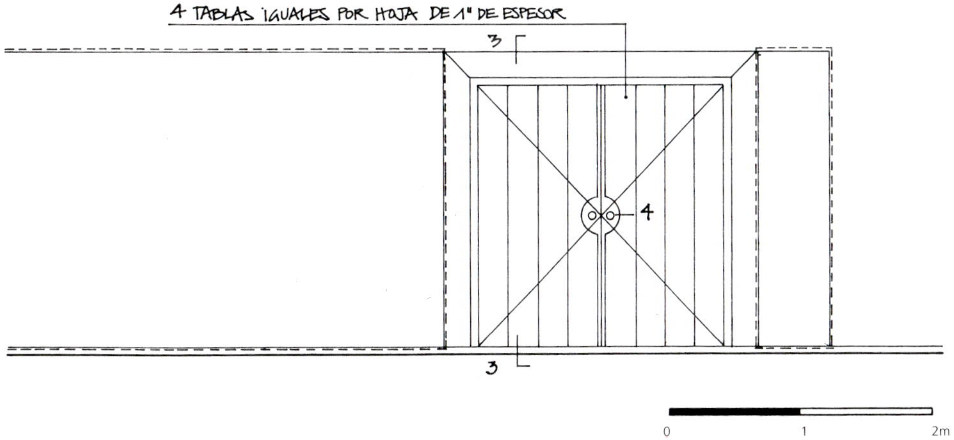

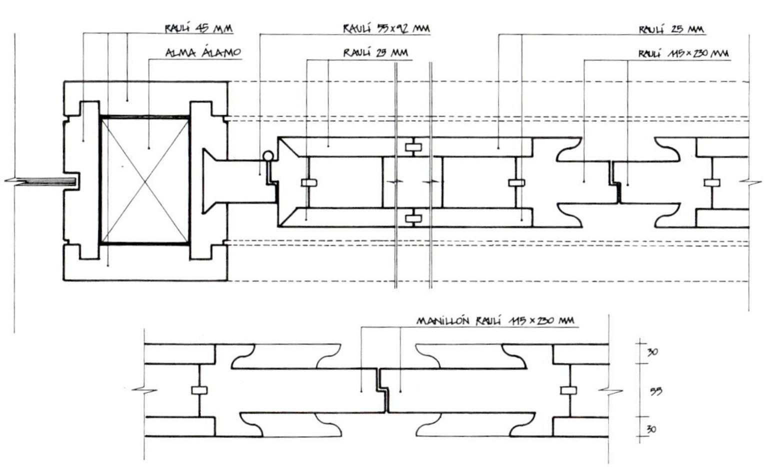

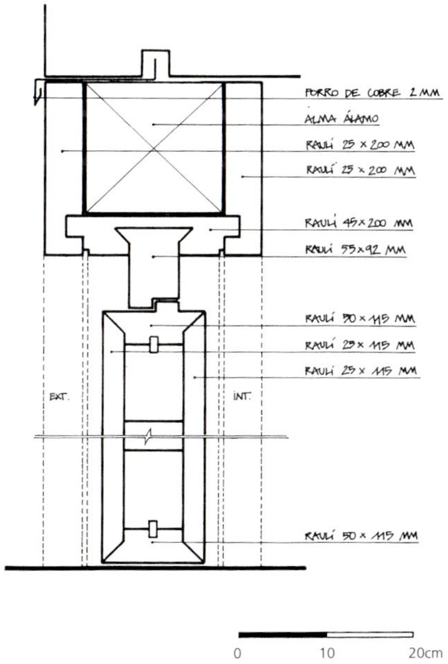

Access Door Details 入口大门细部

Elisa House

Santiago, Chile

埃利萨住宅

智利，圣地亚哥

Above: *Aerial view of the house showing the painstaking adaptation to the site's topography and native vegetation.*

Opposite Page: *Out of consideration for the topography, the garden comprises a geography of steps that slips under the house to surface at the back.*

上图：住宅的空中鸟瞰，显示出对用地地形和原有植被十分巧妙的适应。

左页图：为了照顾到地形，花园有一个从房下通到房后地面的台阶处理。

这一块面积为54000平方英尺（约5000m²）的用地坐落在曼克韦（Manquehue）山脚下，陡峭地向东倾斜，覆盖着浓密的当地智利树木，特别是乔木树（蔷薇科）、升木树（智利漆树科）和金合欢树。朝向山丘和安第斯山脉的景色（实际上呈180° 角）蔚为壮观。

地形、植被、周围景观的特色，和为住宅提供一个直升机坪的要求，使我们产生了要建造由平行布置的石面扶壁墙支撑的三层混凝土外露的大"隔盘"的总体构想。整个住宅"踮着脚趾"立于斜坡上，而不改变现存树木的自然地平高度。沿等高线布置的这些"隔盘"和与之垂直的墙体经过剪裁处理可使树木得以穿过同时确定了住宅的周围边界。这样，用地上最高、叶子最茂盛的皂树则穿过会客区的内部，形成一个完全用玻璃围合的庭院，这又使各个不同标高之间形成一个相互连接的空间。各个室内空间由大块隐框玻璃划分，使得山峦和周围植被的景色十分壮观，一览无余。

为了增强这幢建筑物的重要性，同时为了把这些"隔盘"与地形紧密结合，在南面建造了一个由坡道环绕的暖房。东面一组宽阔的坡道将住宅的三个主要平面与花园和平台连接起来。

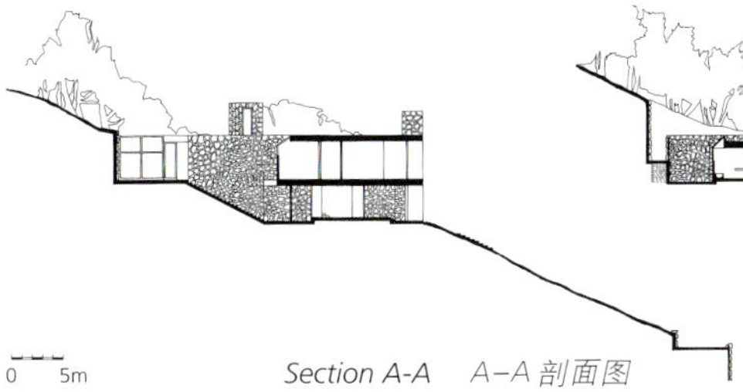

Section A-A　A–A 剖面图

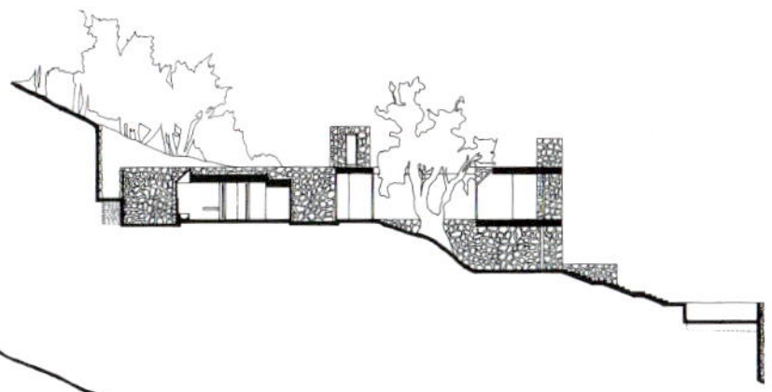

Section B-B　B–B 剖面图

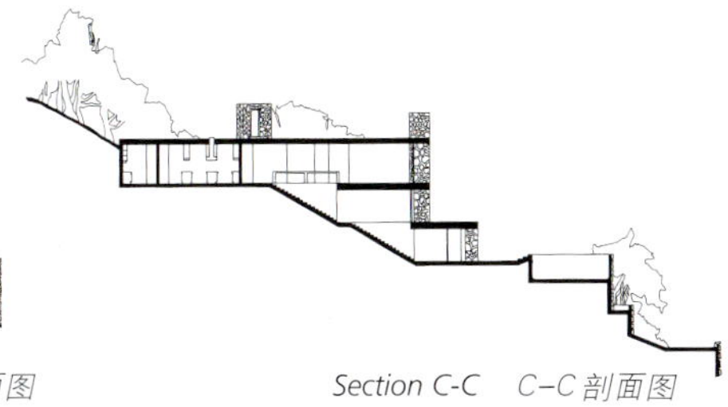

Section C-C　C–C 剖面图

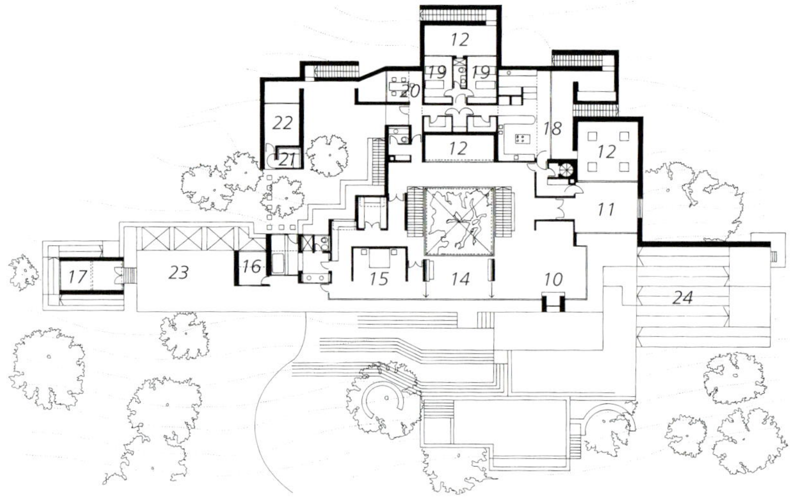

Main Level 主层平面

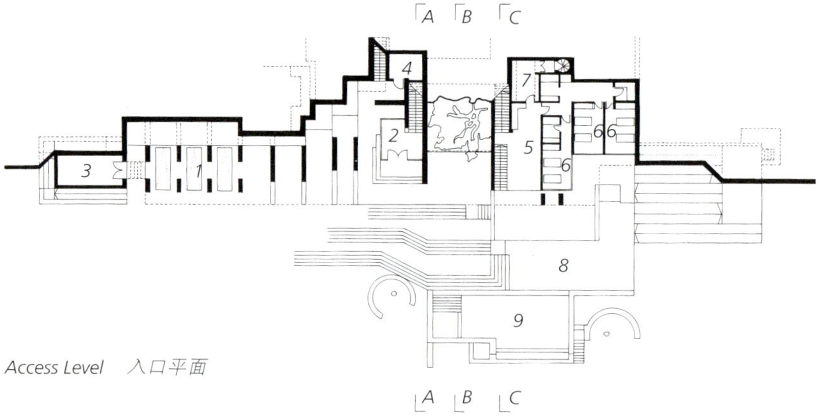

Access Level 入口平面

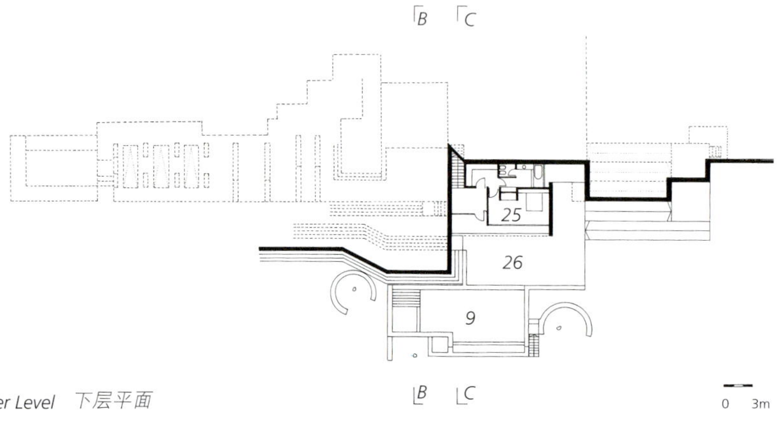

Lower Level 下层平面

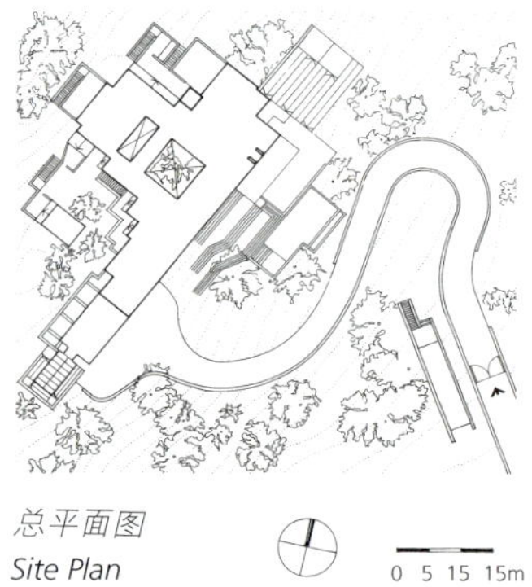

总平面图
Site Plan

1.停车库	1. Carport
2.门厅	2. Entrance Hall
3.仓库	3. Storage
4.机房	4. Mechanical
5.家人用房	5. Family Room
6.卧室	6. Bedroom
7.地窖	7. Cave
8.平台	8. Terrace
9.游泳池	9. Pool
10.起居室	10. Living Room
11.餐厅	11. Dining Room
12.庭院	12. Patio
13.走廊	13. Gallery
14.书房	14. Studio
15.主卧室	15. Master Bedroom
16.工作室	16. Atelier
17.暖房	17. Green House
18.厨房	18. Kitchen
19.服务人员卧室	19. Service Bedroom
20.服务人员起居室	20. Service Living Room
21.桑拿浴室	21. Sauna
22.修配房	22. Fitting Room
23.平台	23. Terrace
24.坡道	24. Ramps

本页图：进入住宅的主入口。可以看到石材砌的扶壁柱和外露水泥的"隔盘"。

左页图：图纸和照片表明，建筑对植被的适应，其适应程度甚至达到使一棵最重要的树木从住宅的中心穿出。

This Page: *The main access to the house, showing the stone buttresses and the exposed cement "tray."*

Opposite Page: *Drawings and photographs show the careful adaptation of architecture to vegetation, to the extent of making the most important tree to pierce the house at its core.*

This Page: *The upper photograph shows a five-hundred-year-old tree (litre), which constitutes the only art piece decorating the room.*

Opposite Page: *The axonometric drawing clearly shows our stand as to extend architecture to the entire site.*

本页图：上图中可以看到一棵树龄500年的古树(升木)，它构成了装饰房间的惟一艺术品。

右页图：轴测图清晰地表明，我们要把建筑扩展到整个用场地的观点。

East Elevation 东立面图

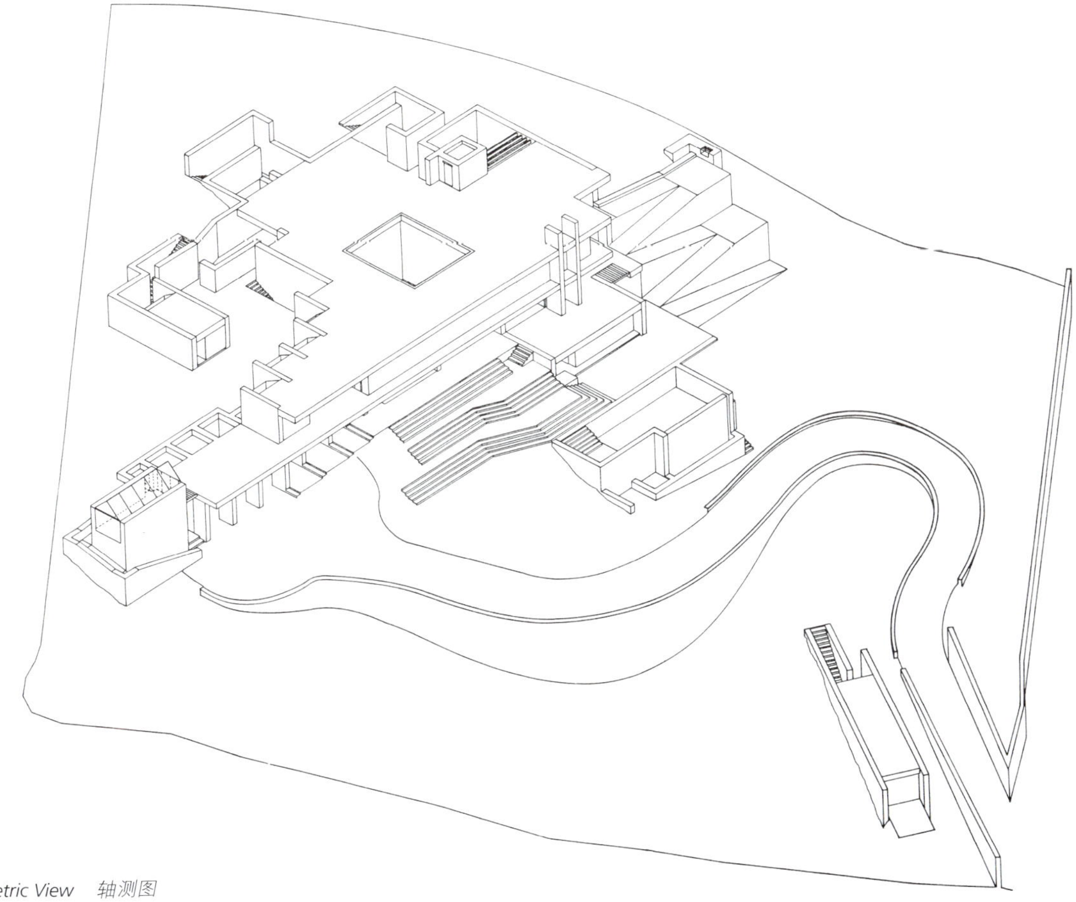

Axonometric View 轴测图

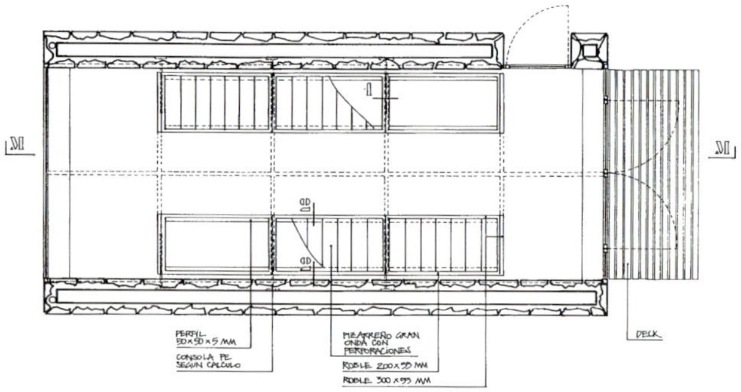

Green House Plan 暖房平面图

0 0.5 1m

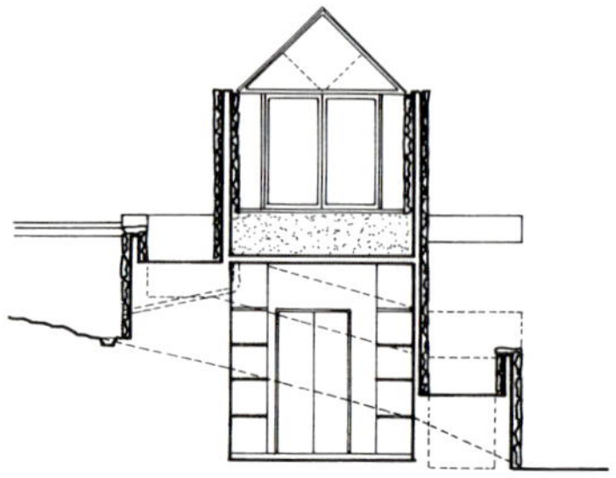

Section Through Green House and Cellar 暖房和地下室剖面图

0 1 2 3m

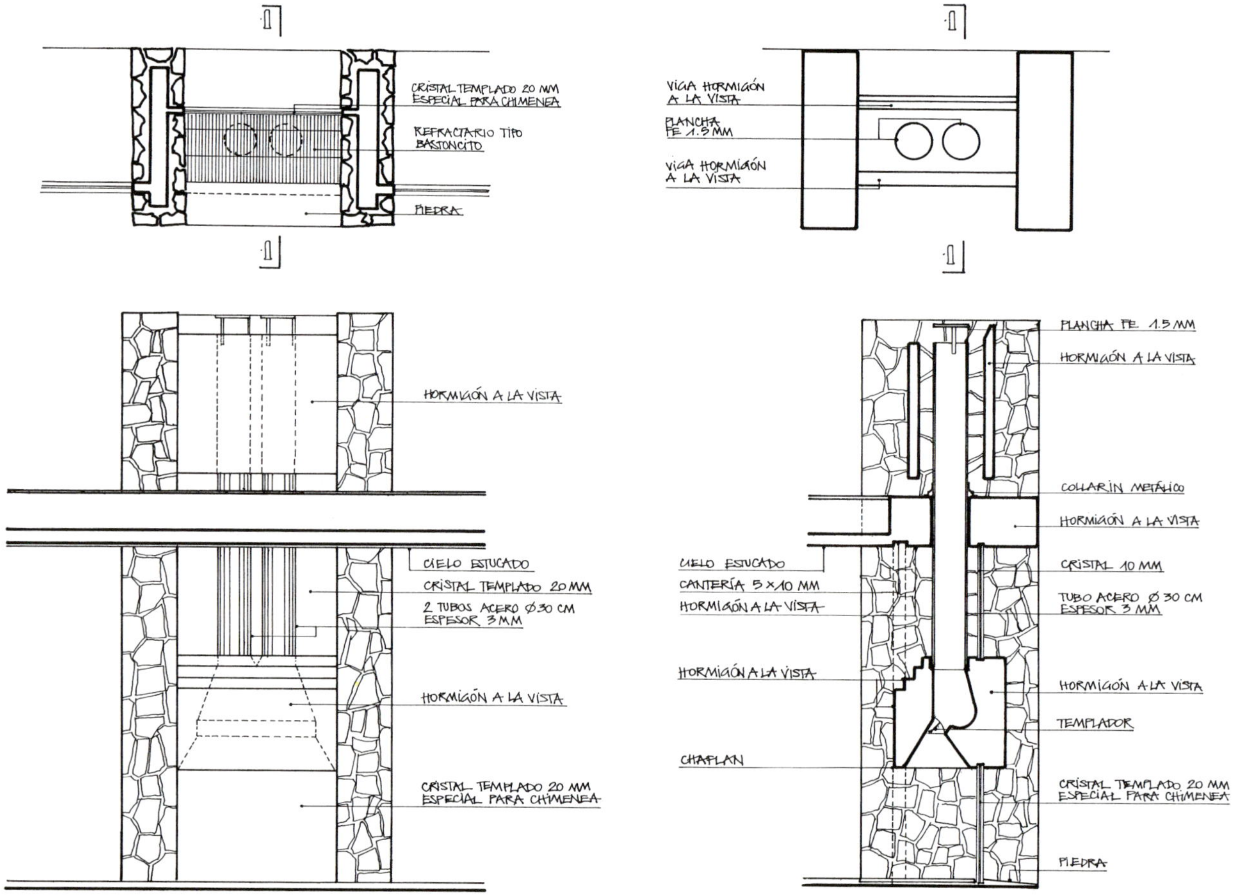

Living Room Fireplace Plans, Elevation, and Section 起居室壁炉平面、立面和剖面图

0 1m

La Cumbre House

Santiago, Chile

拉昆布雷住宅

智利，圣地亚哥

Above: *The interplay of volumes and the consistent use of exposed concrete blocks as sole material, strongly contrast with the landscape in which the work is inserted.*

Opposite Page: *The floor plan's spiral development appears with great strength in the general interplay of volumes of the house, forming a dramatic contrast with its back of hills.*

上图：各空间体量的相互影响以及作为惟一材料的外露混凝土砌块的普遍使用与所处的景观形成强烈的对比。

左页图：平面布置的螺旋式展开，伴随着住宅各空间体量之间强烈的相互影响，构成了与背后山峦的生动对照。

本住宅坐落在高于圣地亚哥市的山峦脚下邻接最高的地段。10800平方英尺(约1000m²)的用地陡峭倾斜地面向街道，同时四周被原有的参天树木围绕，用地范围内一对令人印象深刻的标本树受到庇护。曼克韦山紧靠用地背后。

此住宅是一对非常年轻的有两个孩子的夫妇委托我们设计的，他们的鉴赏力不同寻常。他们要求建造一所特别富丽的建筑，但只要最低限度的装饰。而且，空间分布要求住宅的各不同区域有独立性，但又不失去整体的统一，不能影响与年龄尚小的孩子之间建立良好关系。为了满足主人的要求——并使房屋盖得节俭和简易——整个住宅都采用水泥砌块和预制板。建筑材料在室内外都是外露的。

此工程要创造一个与建筑物通高的大中庭。房屋的四个不同区域围绕这一中心空间呈螺旋形布置。各个区域之间有四分之一的层高差。在大中庭内设有一螺旋楼梯，装在悬空墙上的护栏既联合了各个空间又使空间具有独立性。楼梯空间顶部有一个巨大的天窗，使所有房间都能采光。双层通高的起居室从空间上把餐厅和最后一层的书房连接起来。

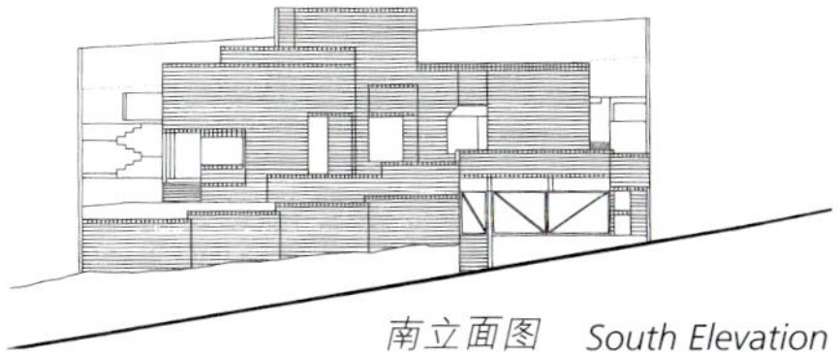

南立面图　South Elevation

0　5m

West Elevation　西立面图

La Cumbre House
拉昆布雷住宅

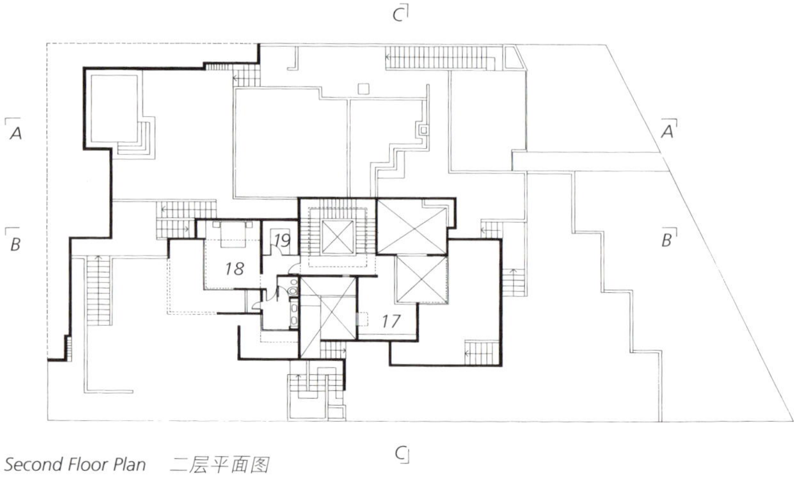

Second Floor Plan 二层平面图

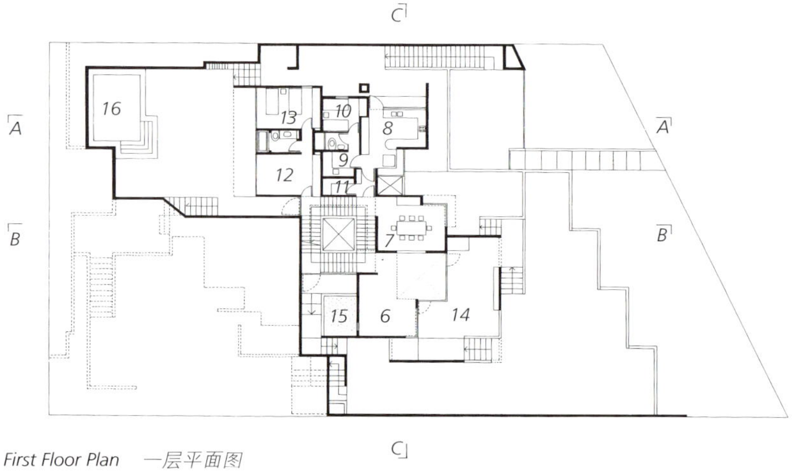

First Floor Plan 一层平面图

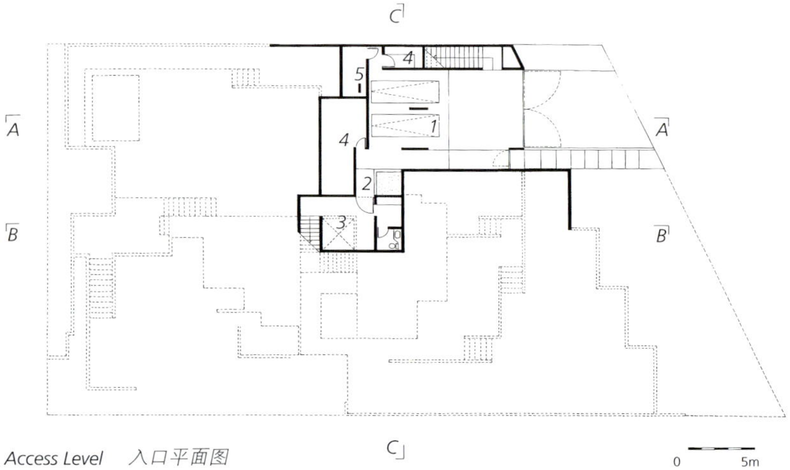

Access Level 入口平面图

0 5m

1.停车库	1. Carport
2.入口	2. Entrance
3.门厅	3. Entrance Hall
4.仓库	4. Storage
5.机房	5. Mechanical
6.起居室	6. Living Room
7.餐厅	7. Dining Room
8.厨房	8. Kitchen
9.洗衣房	9. Laundry
10.服务人员卧室	10. Service Bedroom
11.食品贮藏室／餐具室	11. Pantry
12.家人用房	12. Family Room
13.卧室	13. Bedroom
14.平台	14. Terrace
15.庭院	15. Patio
16.游泳池	16. Pool
17.书房	17. Studio
18.主卧室	18. Master Bedroom
19.壁橱间	19. Walk-in Closet

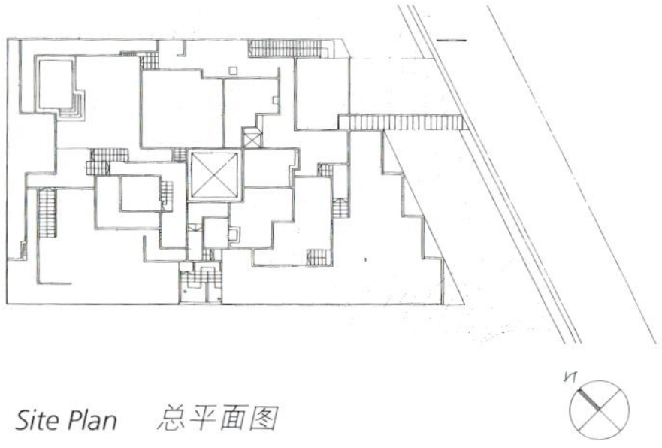

Site Plan 总平面图

本页图：这些图片显示出中庭空间的创造：增大了各房间变大，划分了景观，并形成了光影间的连续的相互作用。

左页图：图片显示建筑如何全面地渗透到场地中。

This Page: *These photographs show the creation of intermediate spaces that enlarge the rooms, measure out the landscape, and create a continuous interplay of lights and shadows.*

Opposite Page: *The photographs illustrate how the architecture invades the site in its entirety.*

La Cumbre House
拉昆布雷住宅

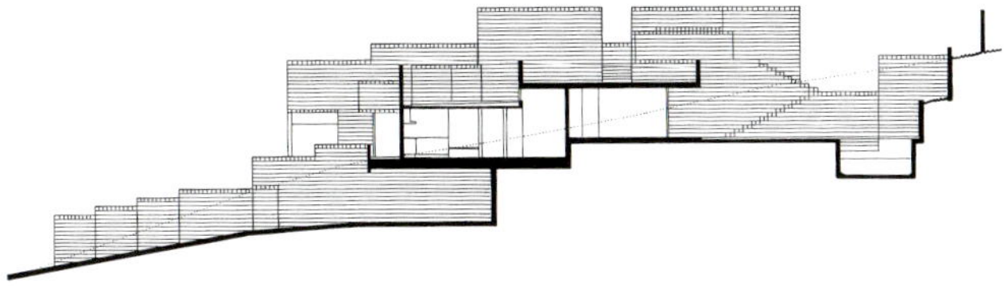

Section A-A
A–A 剖面图

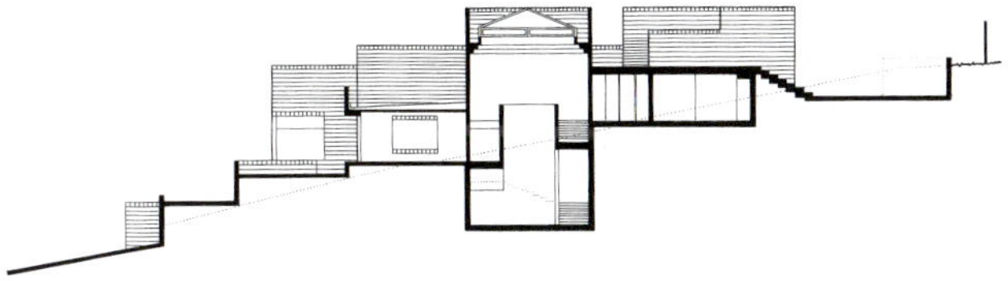

Section B-B
B–B 剖面图

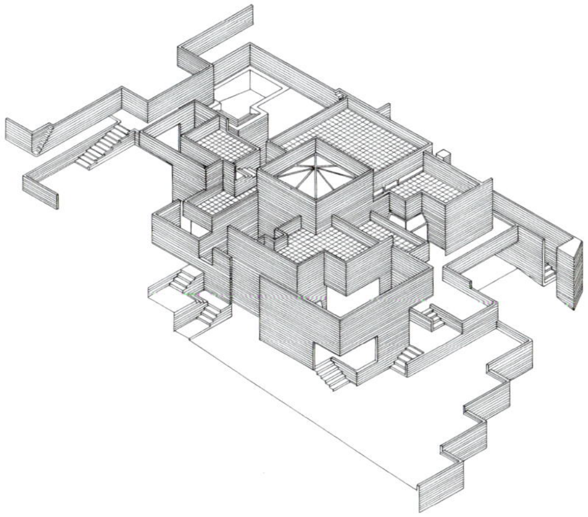

Axonometric View
轴测图

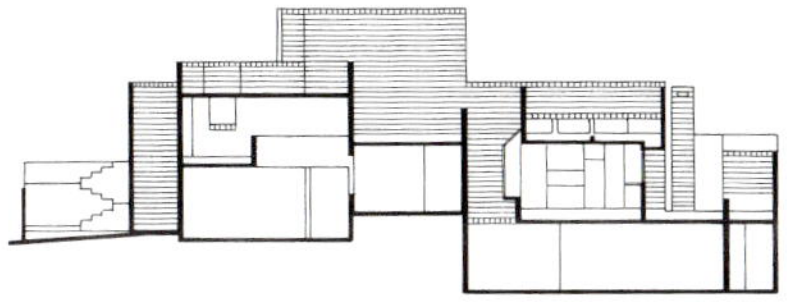

Section C-C
C–C 剖面图

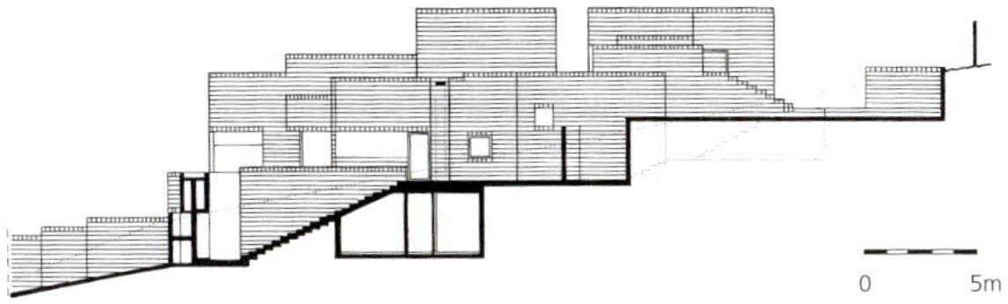

East Elevation
东立面图

本页图：轴测图说明建筑如何从玻璃顶的大中庭开始旋转并向外扩展的。

左页图：中部空间、层高的变化以及普遍使用混凝土砌块，使住宅具有完全的统一性和空间的丰富感。

This Page: *The axonometric drawing gives account of how the architecture rotates and expands itself, starting from the central hall covered with glass.*

Opposite Page: *The intermediate spaces, changes in level, and consistent use of concrete blocks give great unity and spatial richness to the house.*

This and Opposite Page: *Detail of the large central hall around which the different rooms revolve. This space dramatizes the displacements and grants different degrees of privacy to the areas it distributes. The height, light and generosity of this space bestow on the house a status exceeding its modest dimensions.*

本页图和右页图： 各个房间环绕的大中庭细部。这一空间使各个位置的变化十分生动，并使这一空间所分配的各个区域具有不同程度的隐蔽性。这一空间的高度、光线和宽绰使住宅具有一种超出其有限体量的势态。

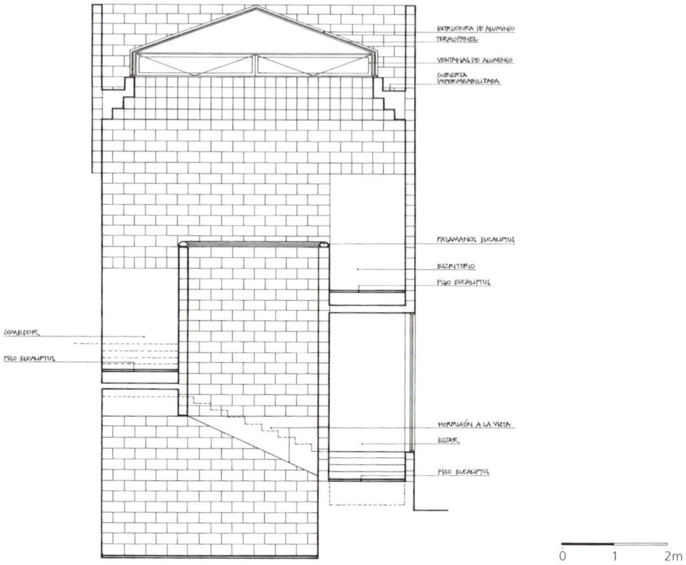

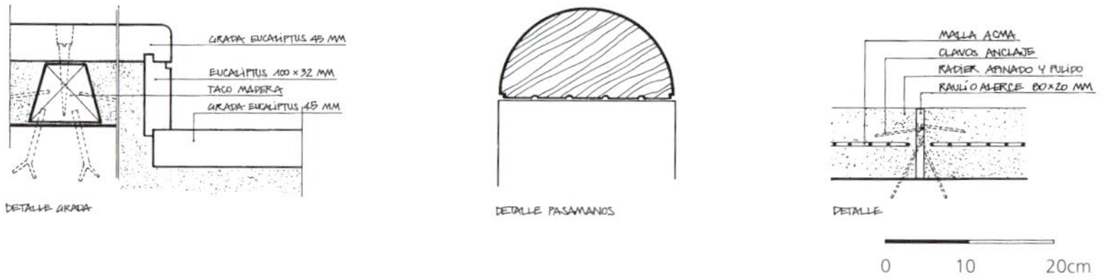

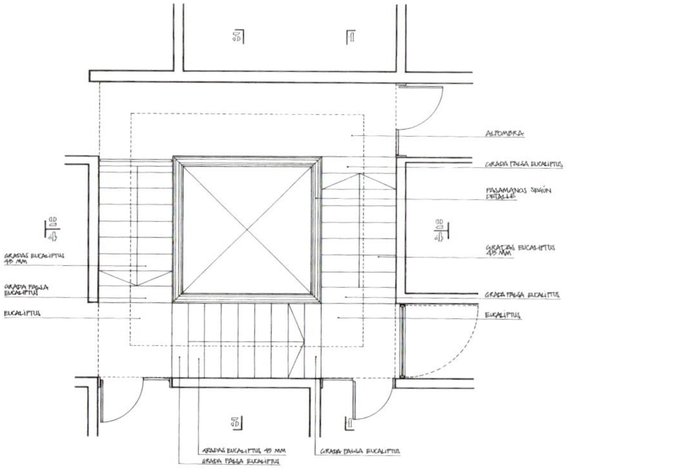

Main Staircase Section, Details and Plan 主楼梯剖面、细部和平面图

0 1 2m

Errazuriz House

Villarrica, Chile

埃拉苏里斯住宅

智利，比亚里卡

Above: *The house, standing up facing the lake, is intricately immersed in the deep forest.*

Opposite Page: *In order to merge it with the landscape, the house was built behind the first row of trees. Again, the architecture stretches over the site and the beach up to the very lake edge.*

上图：面湖矗立的住宅缠结般地掩藏在浓密的树丛中。

左页图：为了与景观融为一体，住宅被建在第一排树木后面。而且，建筑沿用地和湖滨向上伸展，紧挨湖泊边缘。

本住宅坐落于比亚里卡湖北岸，距圣地亚哥南面435英里(约700km)的一块大约247英亩(约100ha)的地块上，用地上浓密地覆盖着原有的树木。从这里可以看到位于湖泊南面比亚里卡火山的惊人奇观。一直延伸到湖泊边缘的用地比较平坦，湖边陡然下落约95英尺(约18m)直至湖滨和水面。

住宅提出的挑战就是进行一个用建筑手法将用地的上部平面与湖滨和湖泊平面连接起来的设计。而且要求保护覆盖用地的树木、悬崖和湖滨边缘。采取的基本设计观点是把房子建在崖壁和湖滨之间展开的地段上。其上部平台将建在树林高度上，不阻挡观湖泊和火山的景观。住宅本身成为在功能和建筑形式上联系两平面的元素。

这幢具有三个楼层和平台的住宅倚在外露混凝土的巨型扶壁柱上，同时其变幻莫测的平面几何图形是对用地上现存树木的精巧适应的结果。住宅内外全部用外露的钢筋混凝土建造。

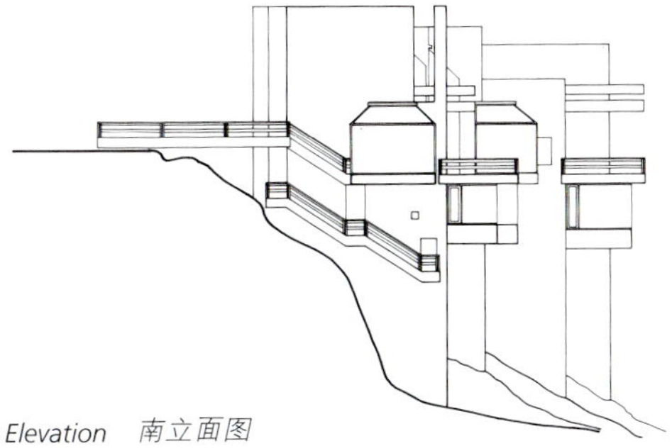

South Elevation　*南立面图*

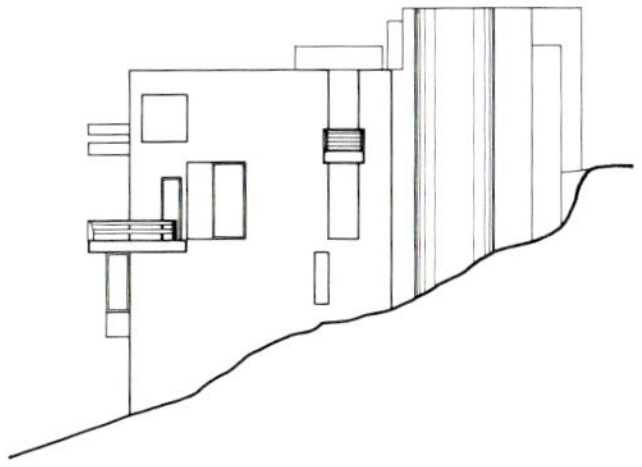

North Elevation　*北立面图*

0　3m

Errazuriz House
埃拉苏里斯住宅

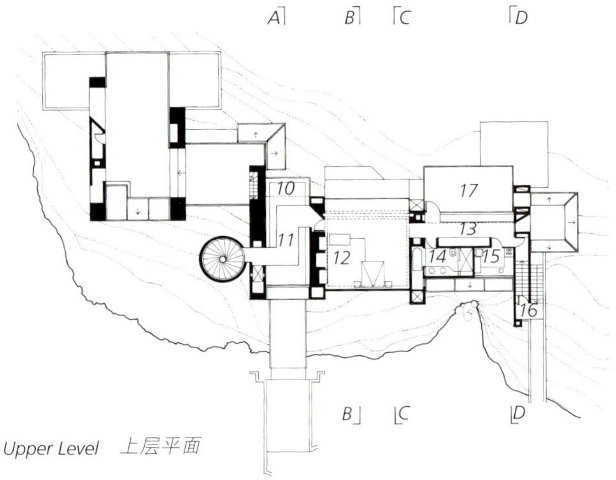

Upper Level 上层平面

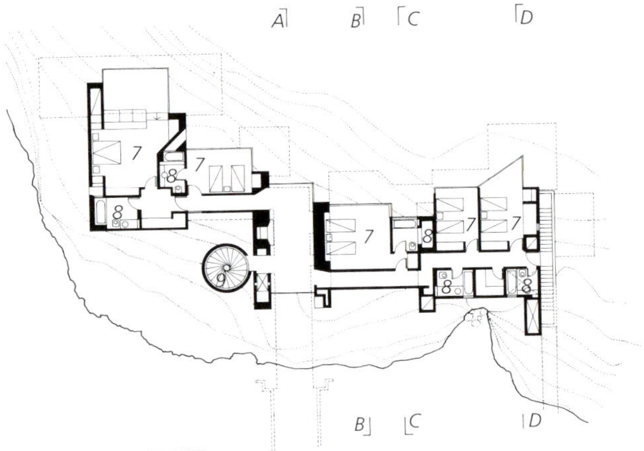

Lower Level 下层平面

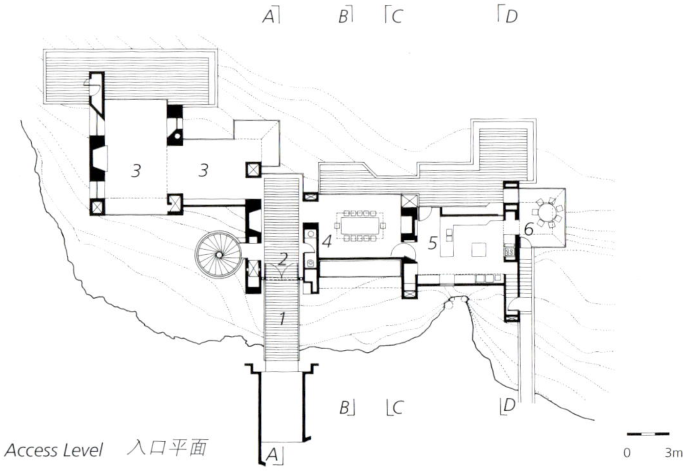

Access Level 入口平面

1.桥	1. Bridge
2.门厅	2. Entrance Hall
3.起居室	3. Living Room
4.餐厅	4. Dining Room
5.厨房	5. Kitchen
6.服务人员餐厅	6. Service Dining Room
7.卧室	7. Bedrooms
8.浴室	8. Bathrooms
9.楼梯	9. Staircase
10.走廊	10. Gallery
11.桥	11. Bridge
12.主卧室	12. Master Bedroom
13.大壁橱间	13. Walk-in Closet
14.浴室	14. Bathroom
15.小厨房	15. Kitchenette
16.次入口	16. Second Entrance
17.平台	17. Terrace

Site Plan 总平面图

本页图：上图：湖泊上有一个以两道岩石防波堤为界供各种游艇锚泊的保护区。下图：在树丛里有顶棚的地方用作停车库和住宅的防雨入口。

左页上图：从湖泊方向过来的通道。
下图：上面有观察平台的船屋。

This Page: *Upper photograph: the lake has a protected area for the anchoring of different sorts of pleasure boats delimited by two rocky breakwaters. Lower photographs: roofed area among the trees used as carport and as a rain-protected access to the house.*

Opposite Page: *Upper photograph: approach from the lake. Lower photograph: boathouse with upper lookout terrace.*

This Page: *Beautiful concentric grooves embellish the modest concrete pavement of the circular access patio of this house.*

Opposite Page: *The circular access patio and the bridge leading to the front door.*

本页图：漂亮的同心圆槽沟装饰住宅圆形入口庭院的朴素的混凝土地面。

右页图：圆形入口庭院和通向正门的桥。

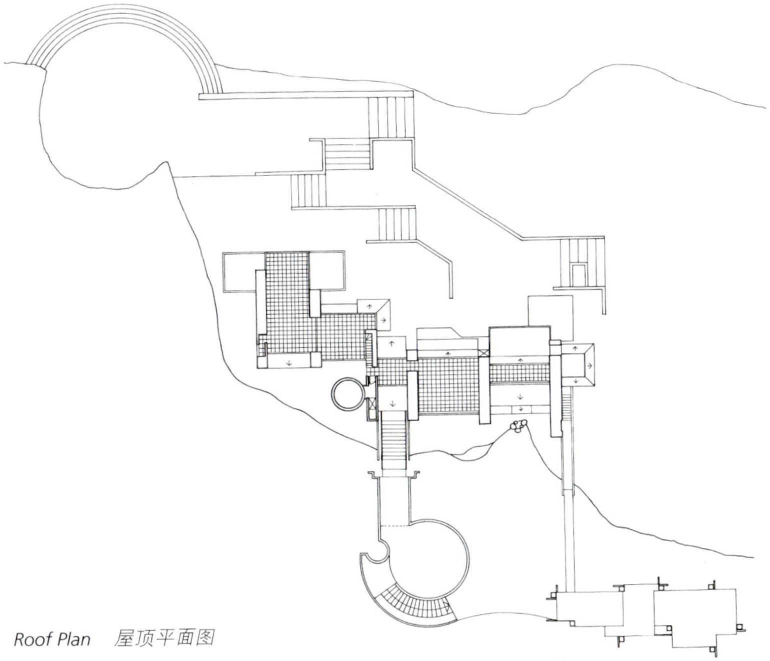

Roof Plan 屋顶平面图

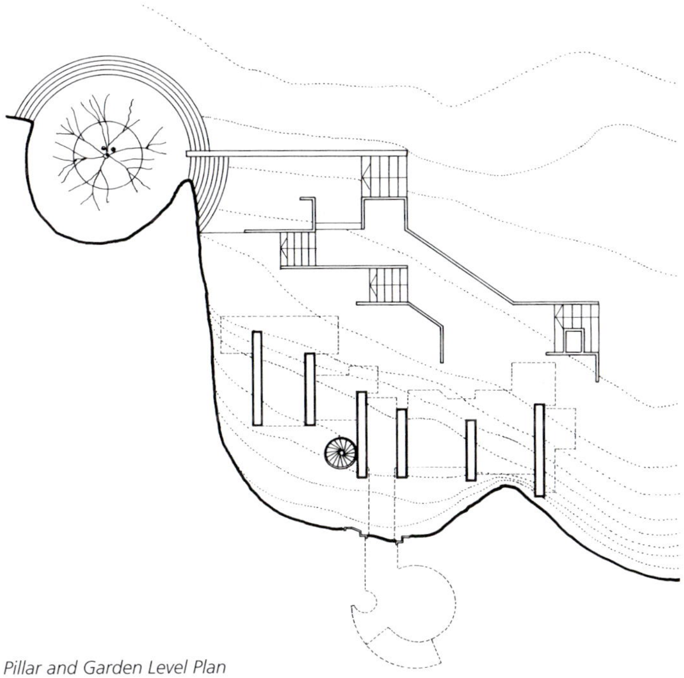

Pillar and Garden Level Plan
立柱和庭园标高平面图

本页图：入口桥和三层通高主厅的细部。一木质桥面板穿越主厅通向主卧室。

右页图：三层通高的主入口门厅显示出其中一个用外露混凝土处理的扶壁。这一扶壁内含一个小烟道。

This Page: *Detail of the access bridge and of the triple-height main hall, crossed by a wooden deck leading to the master bedroom.*

Opposite Page: *The triple-height main access hall, showing the treatment of the exposed concrete of one of the buttresses, which includes a small chimney.*

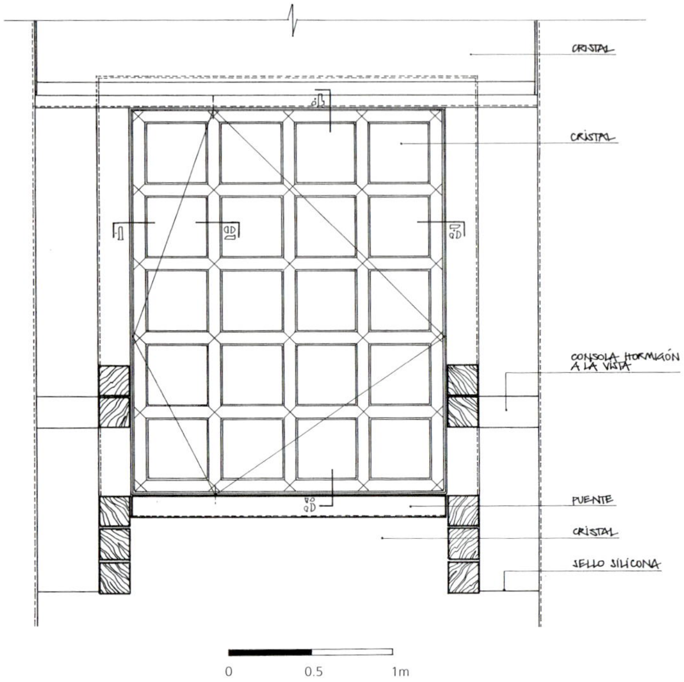

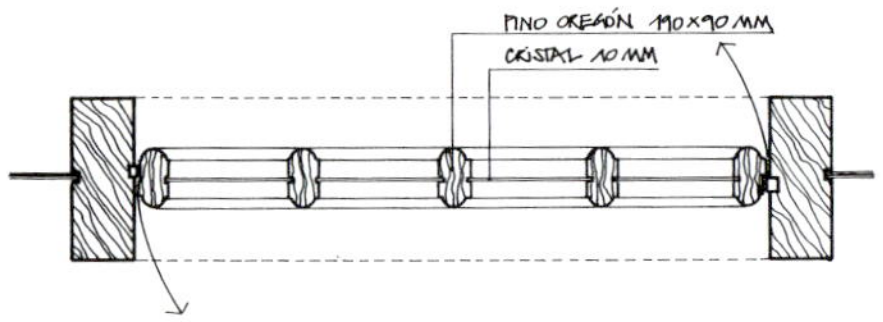

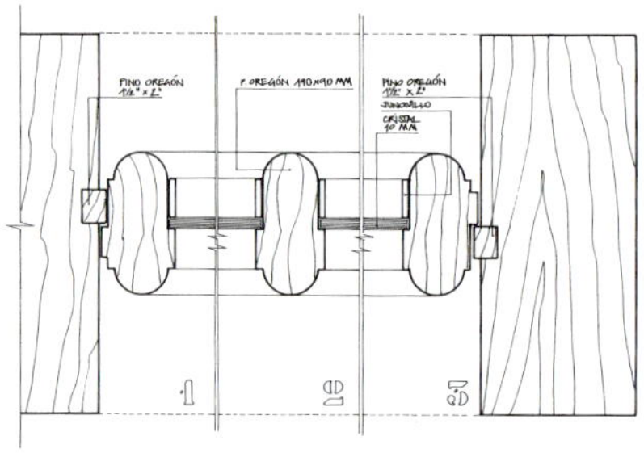

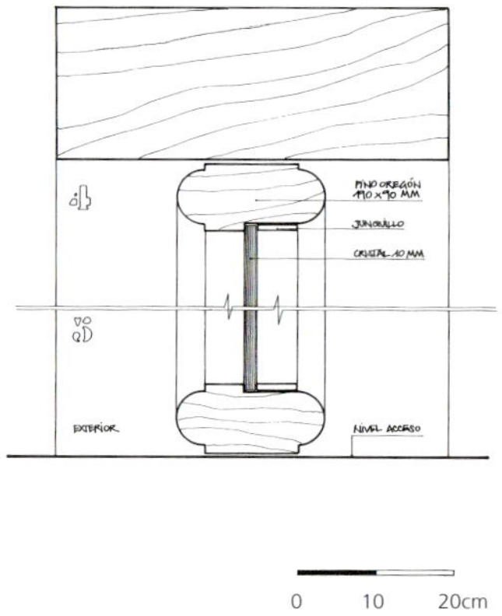

主入口大门剖面、平面和细部
Main Access Door Section, Plan, and Details

本页图：螺旋楼梯连接各楼层平面。楼梯台阶用硬栎木，现场用手斧劈制成。台阶与墙面脱离开，以便让光线从上部天窗射入。

右页图：楼梯的顶棚形成连续的螺旋平面。

This Page: *The spiral staircase connecting the different levels. Its steps are of solid oak, adze-worked in situ. The steps detach from the wall to allow the entrance of light from the upper skylight.*

Opposite Page: *The ceiling of the staircase forms a continuous helicoidal plane.*

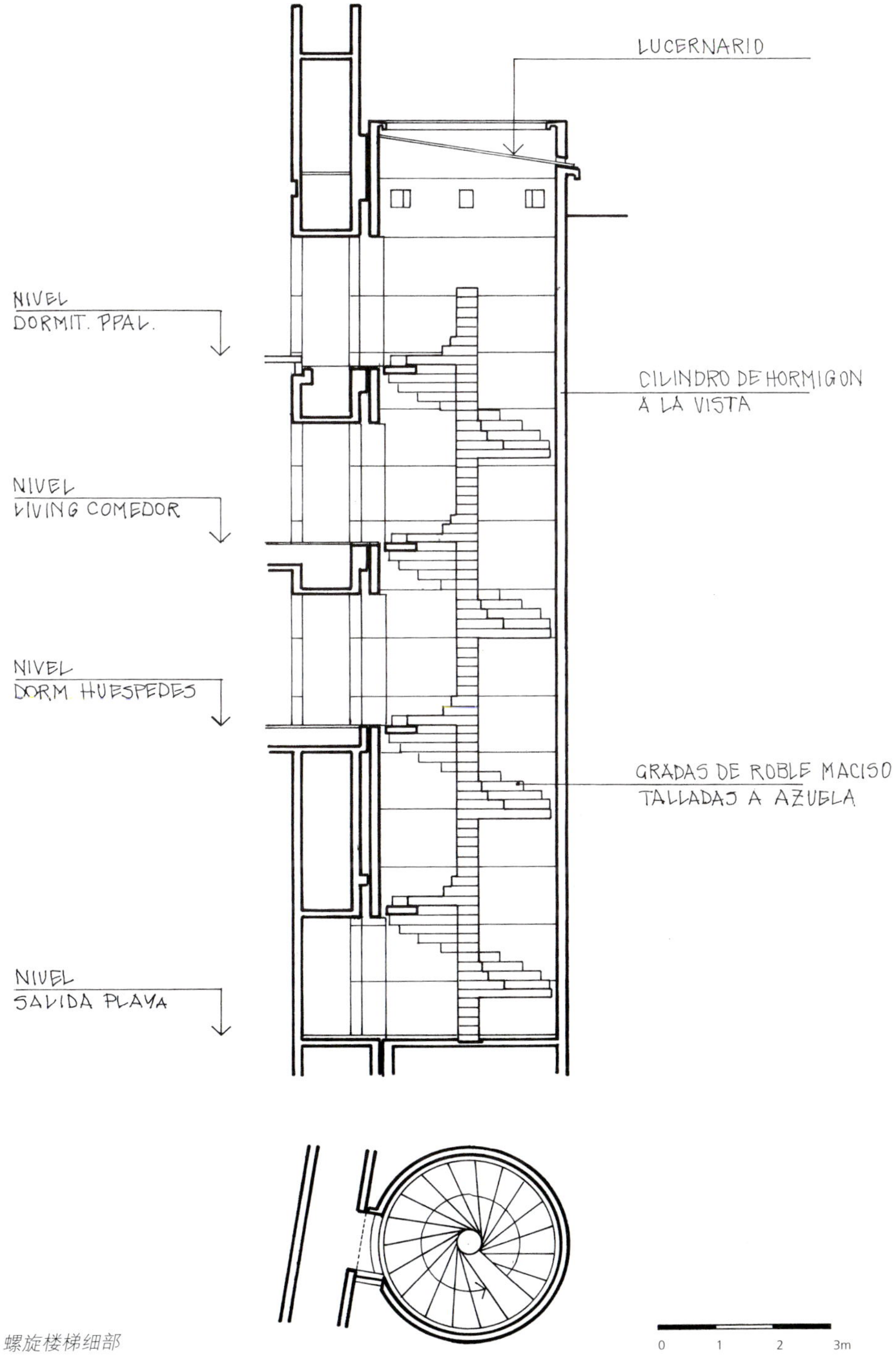

Helicoidal Stair Detail 螺旋楼梯细部

本页图：扶壁柱是中空的，且内含楼梯、电梯、客人浴室、设备、烟道等。

右页图：其中一个扶壁柱中的间隙。该扶壁柱把门厅和起居室连接起来。后面可以看到餐厅。

This Page: *The buttresses are hollow and contain stairs, an elevator, a guest bathroom, equipment, chimneys, etc.*

Opposite Page: *The gap in one of the buttresses connecting the access hall with the living room exposes the dinning room at the back.*

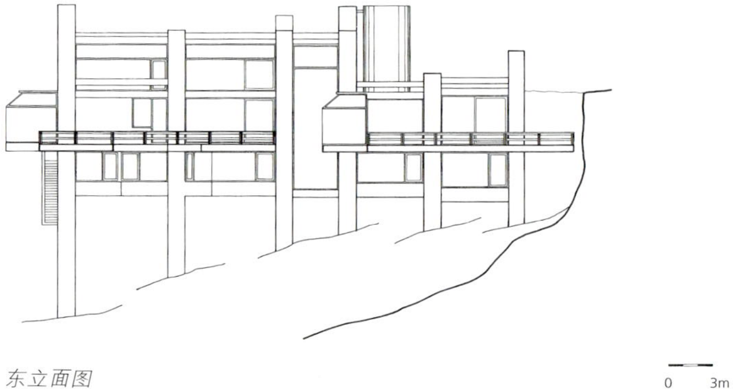

East Elevation *东立面图*

Axonometric View *轴测图*

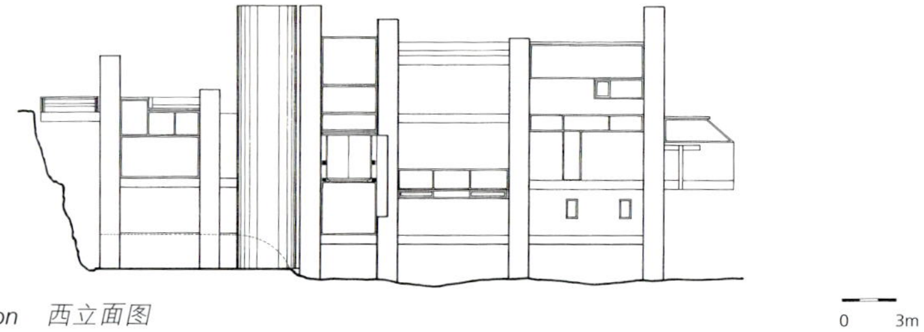

West Elevation *西立面图*

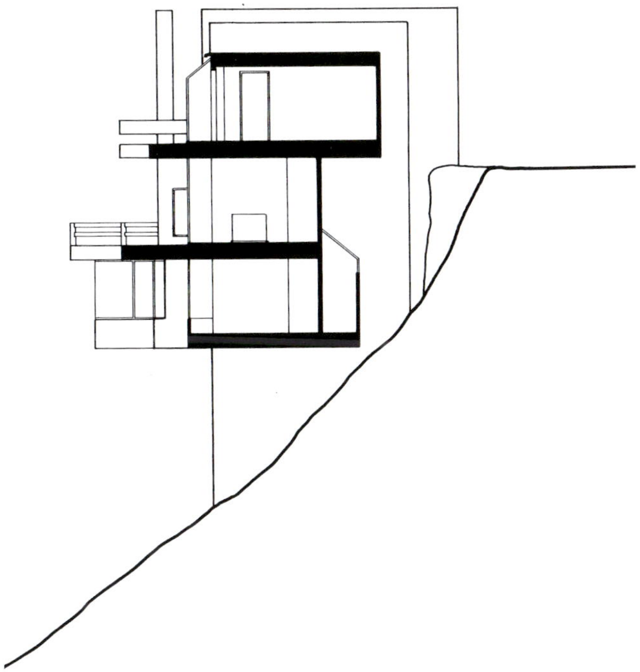

Section C-C *C–C 剖面图*

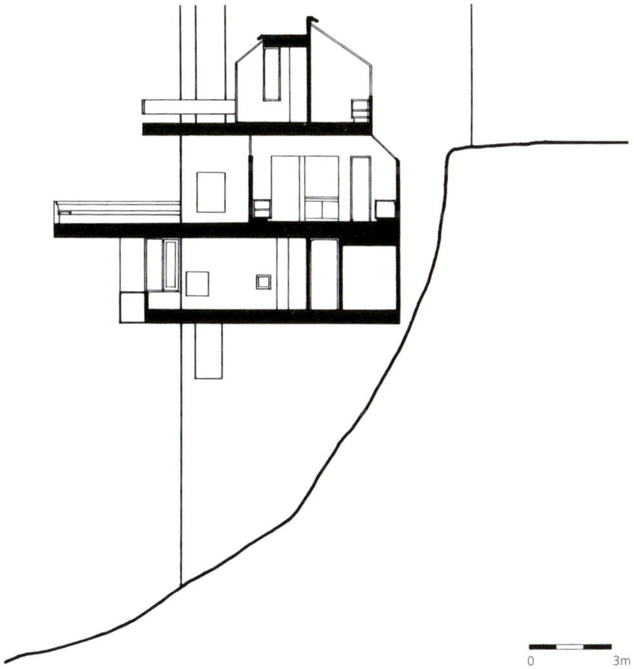

Section D-D *D–D 剖面图*

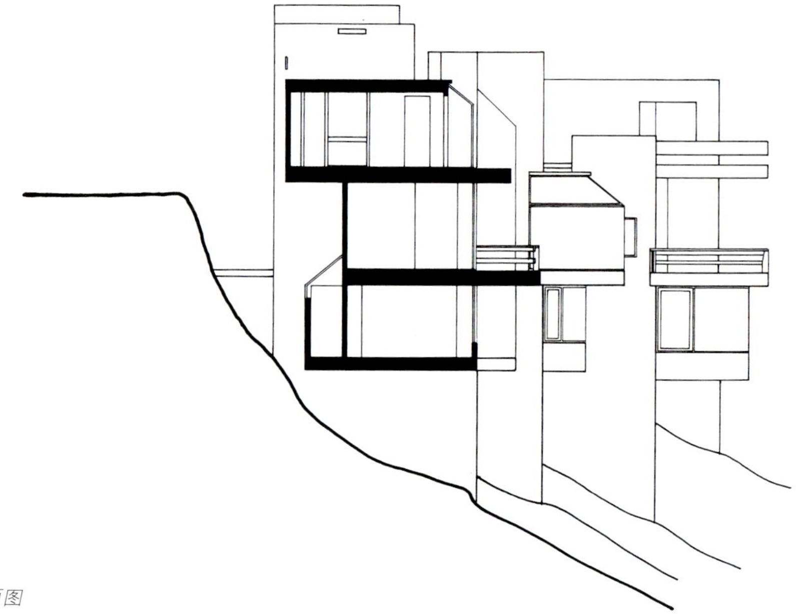

Section B-B　B–B 剖面图

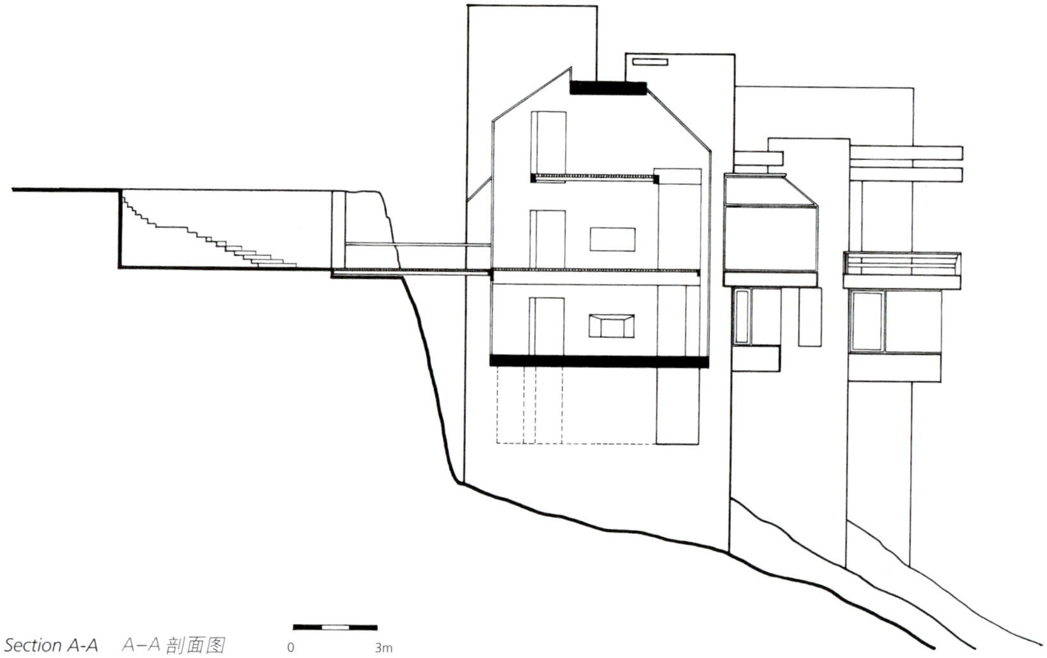

Section A-A　A–A 剖面图

The “El Condor” Group

Santiago, Chile

“埃尔孔多”住宅群

智利，圣地亚哥

Above: *These views of the El Condor and Chadwick Houses show the steep slope of the street surrounding the group.*

Opposite Page: *The close relationship between the three cylinders is stressed by the lavish vegetation in the site which leaves no interstitial spaces between them.*

上图：这是埃尔孔多住宅和查德威克住宅的景色，可以看到围绕住宅群的街道陡坡。

左页图：用地中不留空隙的茂盛植被强调了三个圆柱体之间的密切关系。

为了设计这三幢住宅，则确立了一系列目标：营造一种强烈的组合关系；创造一种适应场地和植被（棕榈树、针叶树、刺槐和杨树）特征的环境；致力于处理住宅群与前主人留下的私家大花园的关系。住宅群的关系主要依靠作为母题的圆柱体的结合，依靠延伸至三块用地的平台系统，这种平台系统使这些圆柱体的底部得到统一。

作为住宅高贵标志和基本特色的平台顶棚，在智利的气候和地理条件下变得特别有价值。“复合层”（内含在另一个建筑里的建筑实体）的出现是由外接一直角建筑的圆柱体形成的。直角建筑有时穿过圆柱体，而有些则离开圆柱体或与之相结合，在室内外创造出一系列过渡空间。

圆柱体的作用像是一种“空间铰链”，支配着向四面散开的空间。从第一幢建成的法因济尔巴（Fajnzylber）住宅开始，直到我们自己设计的令人印象深刻的大体量住宅结束，这个空间铰链的作用在不断地变化。这所大住宅建成后，使街景像是绘画一般。值得一提的作为一个整体的三幢住宅，其设计主旨是通过对每个圆柱体进行的不同处理，通过将其靠着带有统一外露的混凝土防护墙的平台的布置明确表现出来的。同样情况，查德威克住宅中圆柱体的石材在围绕住宅的防护墙体中得到重复使用。如果说三块用地主要从南面和西南面受光照，圆柱体也会把来自北面的光线反射到房屋的内部。这就是为什么在埃尔孔多住宅中，上部天窗所起的作用如同一扇 360° 开向太阳的窗户的原因。

还有一个因高度限制而形成的外形上的共鸣。这一高度限制是由埃尔孔多街道强加于用地的。还有更重要的是圆柱体与室内直角体系及其容积的对比，从而创造出含蓄怡人的空间，并在室内外构成一种令人惊叹的过渡空间。

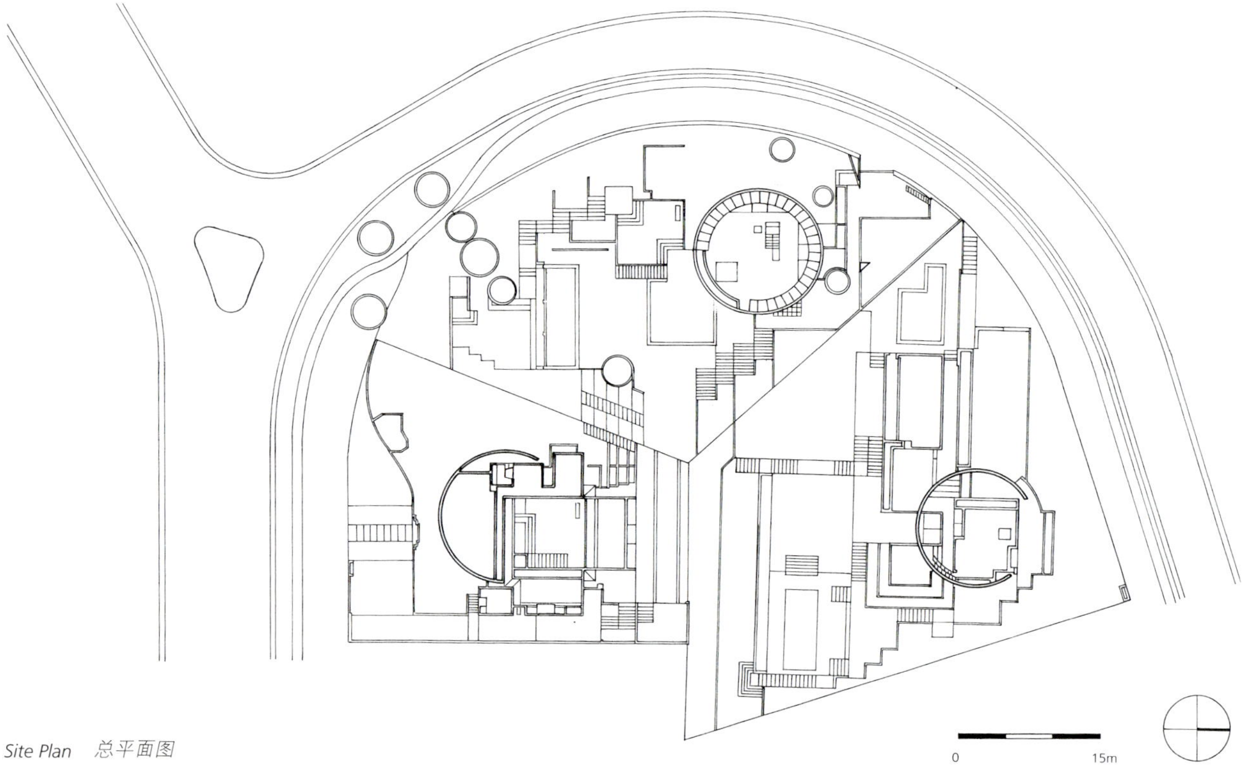

Site Plan 总平面图

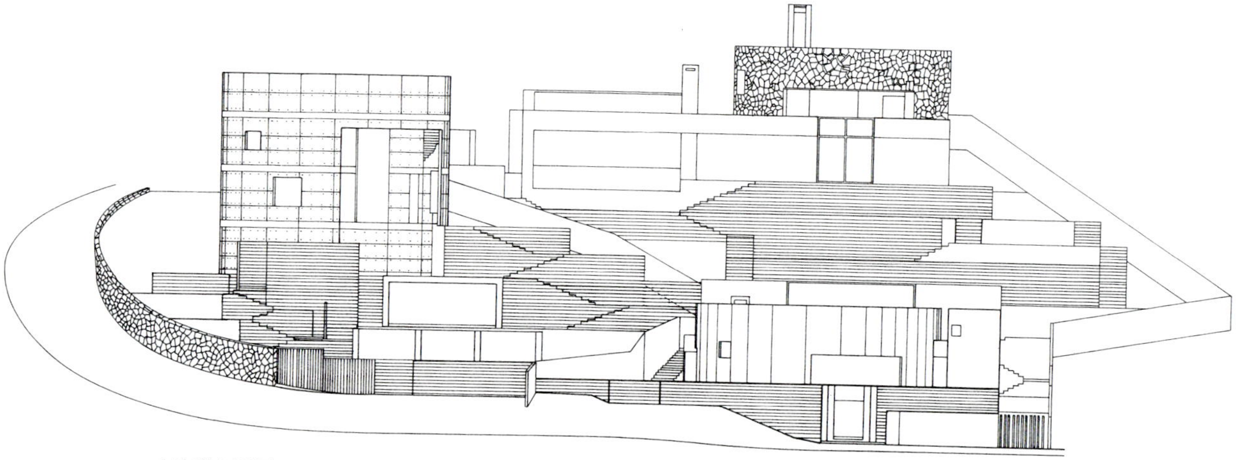

Group Elevation 建筑群立面图

在这些住宅群里，由于最初两位客户自身的要求，也为配合我们最近设计中的一项研究，这几幢住宅不仅是要使窗户服从圆柱体的平面布置，而且要实实在在地取消它。因此，这三幢住宅有几种非常独特的与户外联系的方法。住宅内部也通过特殊的入口通道——法因济尔巴住宅中的巷道和查德威克住宅中的筑墙庭院所强调。

在埃尔孔多住宅中，一系列空间布局由庭院、楼梯、转角空间等组成。当来访者到达真正入口时会使他进入到一个与外部完全不同的天地。在某一个转弯处，特别是从上部庭院走出来，拉瓦特公园会强烈而绚丽地出现在你面前，而从外面是无法尽情欣赏的。也就是说在这三个实例中，由于不同的处理方法，使得在进入这些住宅之前外部世界就已经消失了。

本页图：平台和贯通三块用地的共用墙的连续体系，使得解决存在于这三个圆柱体之间的巨大差异成为可能。

左页图：三幢住宅的平面和立面对住宅群的整体处理进行了说明，其中三个圆柱体的高度和实体十分醒目。

This Spread: *A continuous system of terraces and contention walls going through the three sites makes it possible to negotiate the great difference existing between the three cylinders.*

Opposite Page: *The three houses' ground plan and elevation account for the unitary treatment of the group, in which the three cylinders stand out for their height and materiality.*

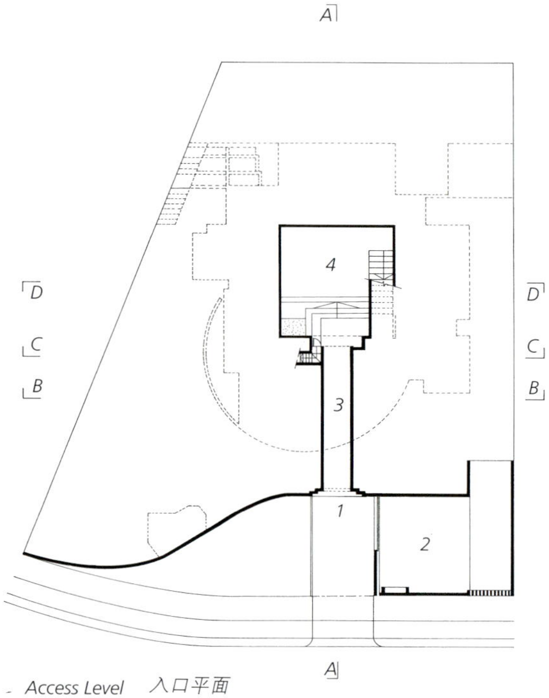

Access Level 入口平面

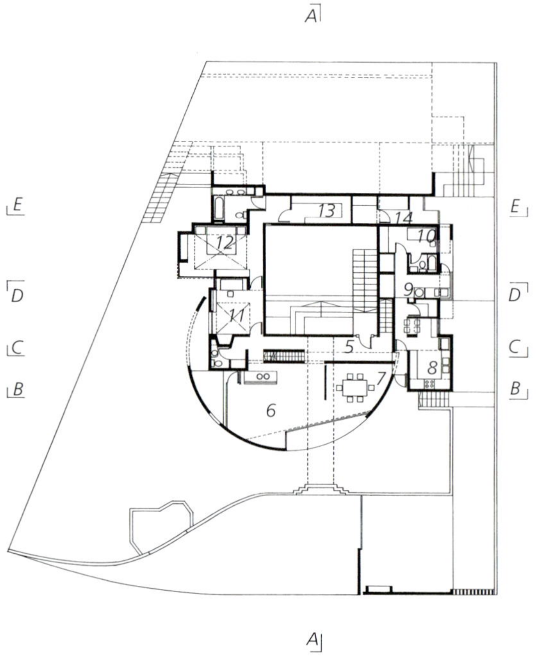

Main Floor Plan 主层平面图

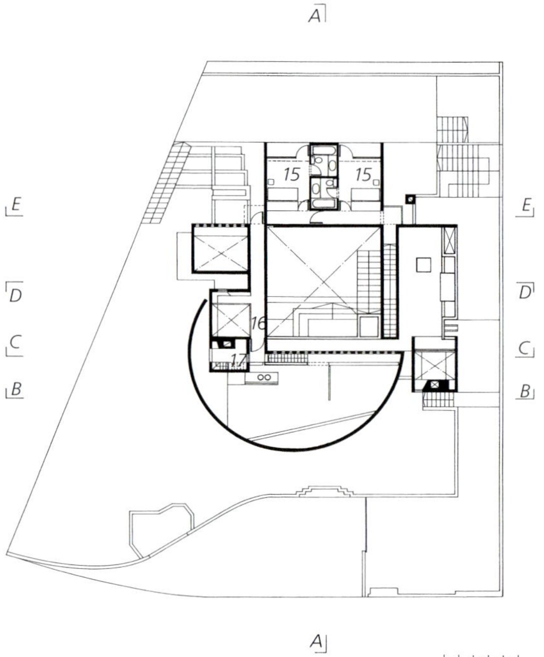

Upper Floor Plan 上层平面图

0 5m

法因齐尔贝住宅	Fajnzylber House
1.入口	1. Entrance
2.停车库	2. Carport
3.巷道	3. Tunnel
4.庭院	4. Patio
5.门厅	5. Entrance Hall
6.起居室	6. Living Room
7.餐厅	7. Dining Room
8.厨房	8. Kitchen
9.洗衣房	9. Laundry
10.服务人员卧室	10. Service Bedroom
11.书房	11. Studio
12.主卧室	12. Master Bedroom
13.大壁橱间	13. Walk-in Closet
14.机房	14. Mechanical
15.儿童卧室	15. Children's Bedroom
16.上层书房	16. Upper Studio
17.平台	17. Terrace

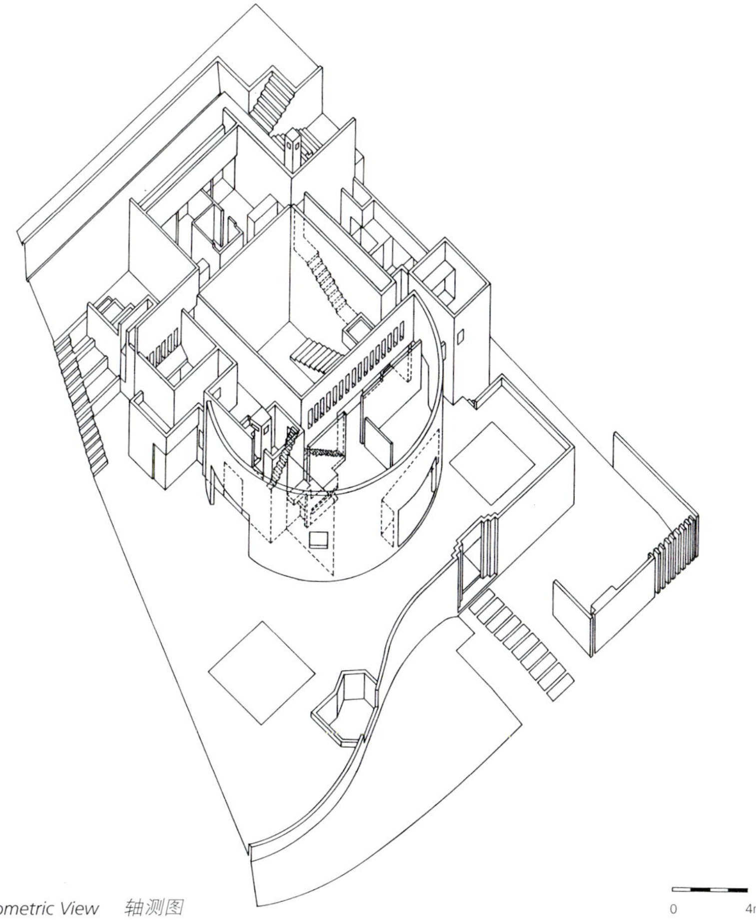

Axonometric View 轴测图

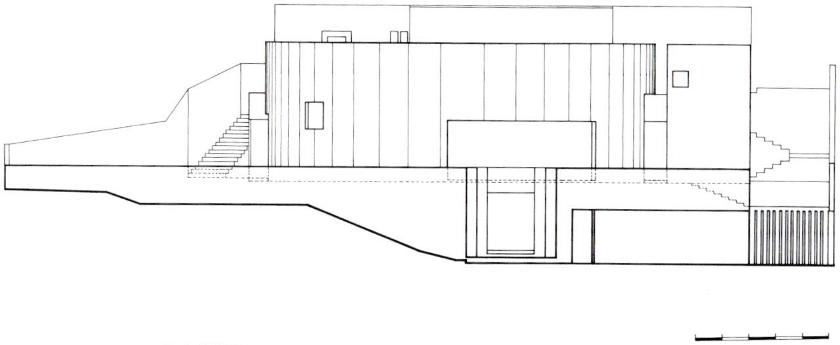

South Elevation 南立面图

This Page: *The Fajnzylber House, the most stern of the three, with walls of reinforced masonry, coarse stucco, and floors of polished concrete.*

Opposite Page: *The patio, an eight meter cube of polished concrete floor, is accessed through a tunnel.*

本页图：法因齐尔贝住宅是三幢中要求最苛刻的一幢，墙是粗拉毛粉刷的钢筋砌体。地面是磨光混凝土。

左页图：8m见方的磨光混凝土地面的庭院，通过巷道可以进入。

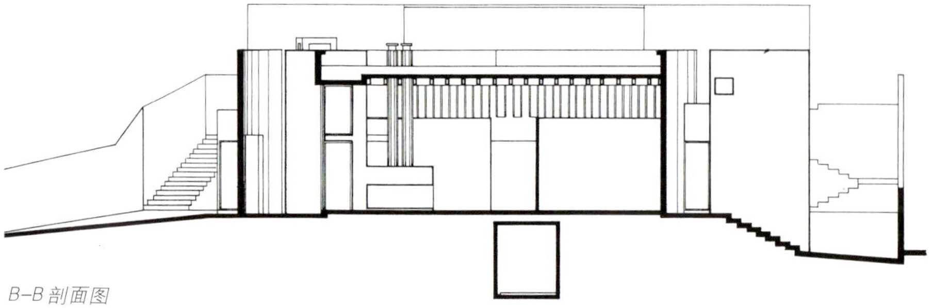

Section B-B　B–B 剖面图

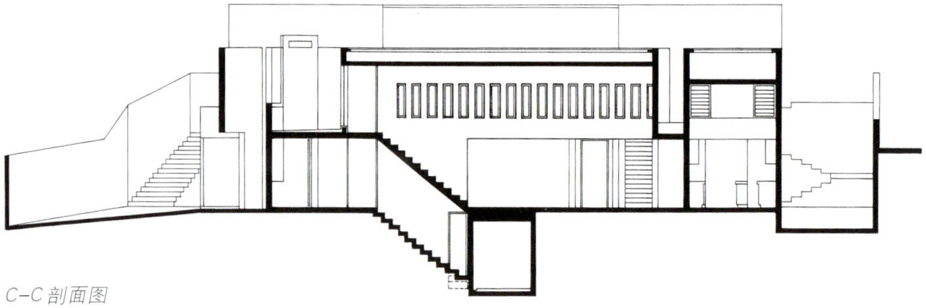

Section C-C　C–C 剖面图

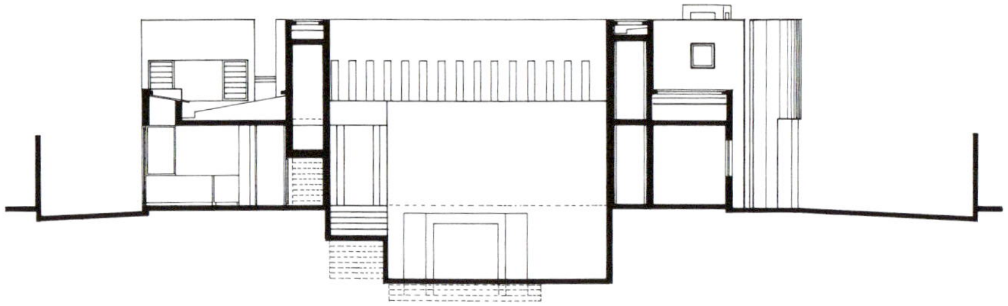

Section D-D　D–D 剖面图

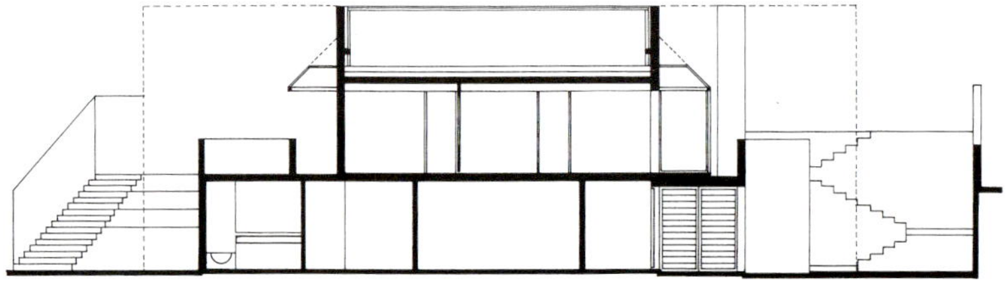

Section E-E　E–E 剖面图

本页图：对住宅全部建筑材料的严格要求换取了空间的富丽堂皇和意想不到的大尺度的补偿。

右页图：特意为本住宅设计的混凝土家具安置在花园的荫凉处。

This Page: *The sternness of materials throughout the house is compensated by the spatial richness and the unexpected dimensions.*

Opposite Page: *Concrete furniture, specially designed for this house, occupies a shady spot of the garden.*

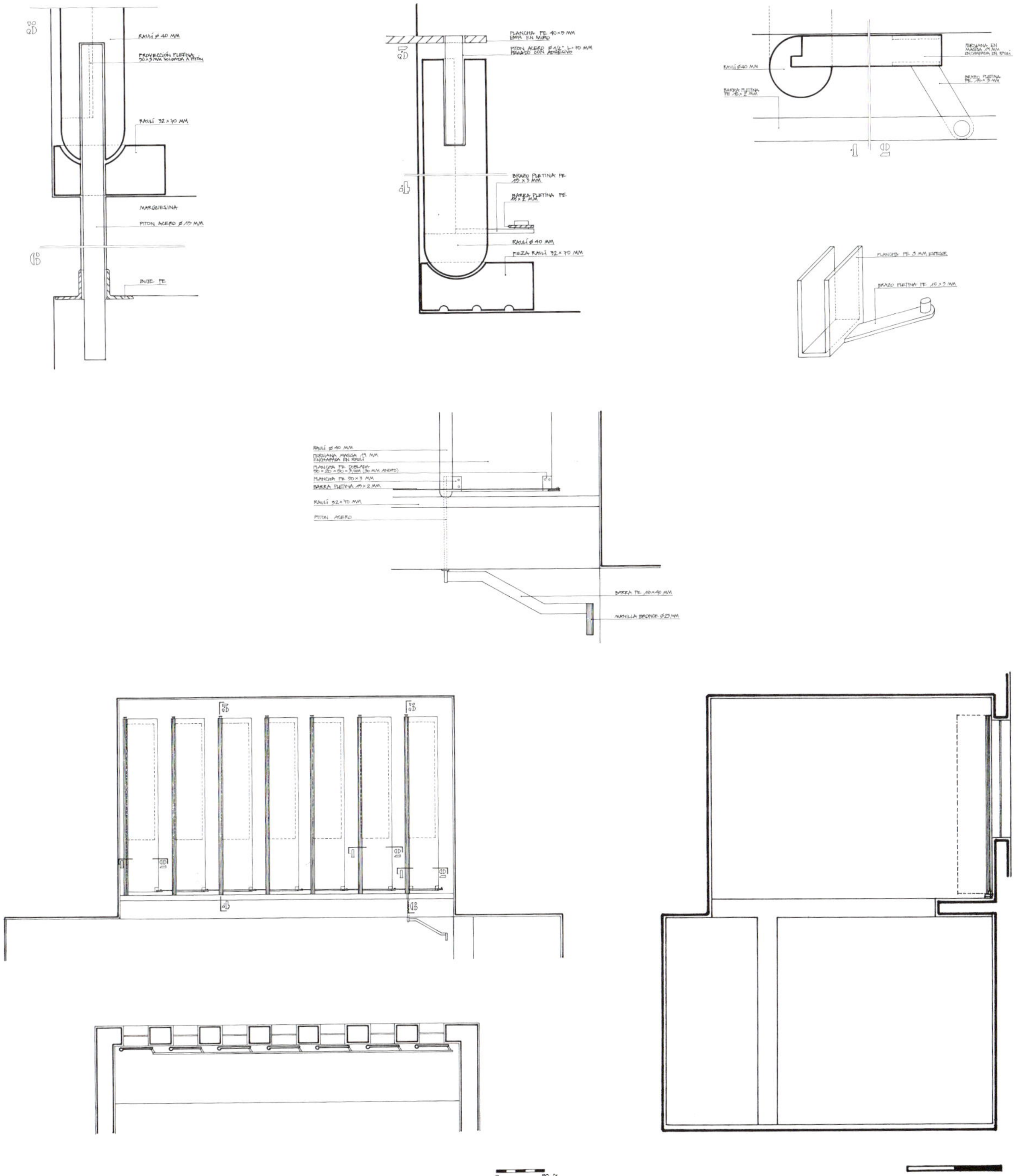

0 50cm

0 0.5 1m

Master Bedroom Blind Elevation, Plan, Section, and Details
主卧室的百叶窗立面图、平面图、剖面图和细部

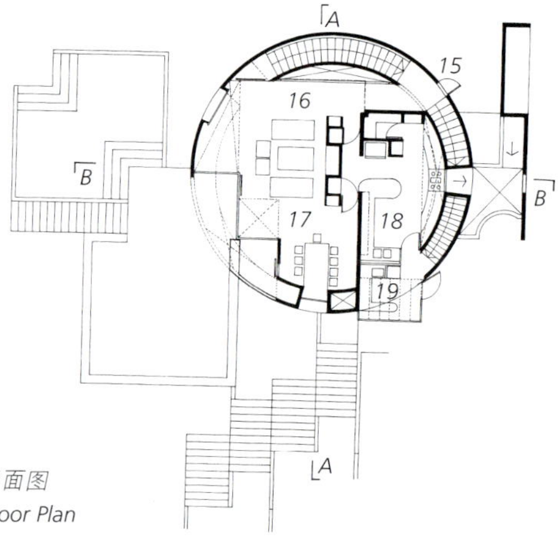

三层平面图
Third Floor Plan

埃尔孔多住宅
1.平台
2.书房
3.化妆室
4.图书室
5.坡道
6.庭院
7.主入口
8.厅
9.客人浴室
10.卧室
11.浴室
12.服务人员用房
13.服务人员浴室
14.服务人员庭院
15.次入口
16.起居室
17.餐厅
18.厨房
19.洗衣房
20.主卧室
21.主浴室
22.屋顶平台

El Condor House
1. Terrace
2. Studio
3. Powder Room
4. Library
5. Ramp
6. Patio
7. Main Entrance
8. Hall
9. Guest Bathroom
10. Bedroom
11. Bathroom
12. Service Room
13. Service Bathroom
14. Service Patio
15. Secondary Entrance
16. Living Room
17. Dining Room
18. Kitchen
19. Laundry
20. Master Bedroom
21. Master Bathroom
22. Roof Terrace

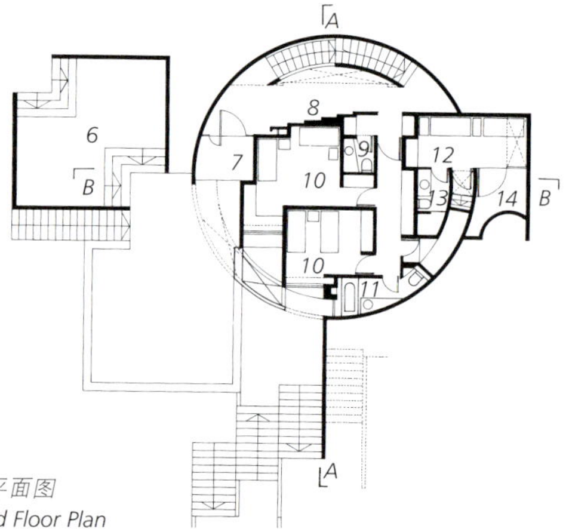

二层平面图
Second Floor Plan

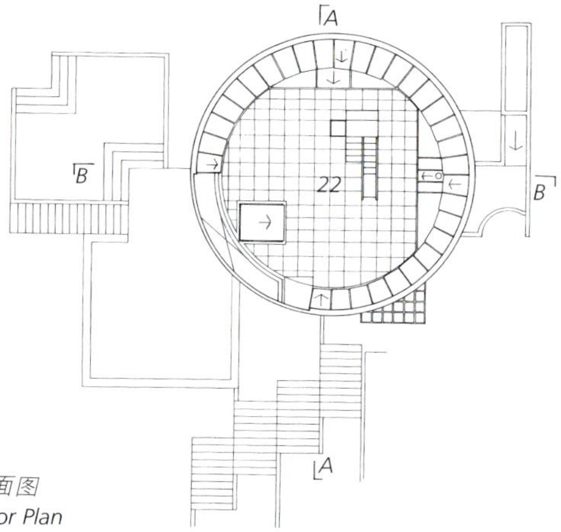

屋顶平面图
Roof Floor Plan

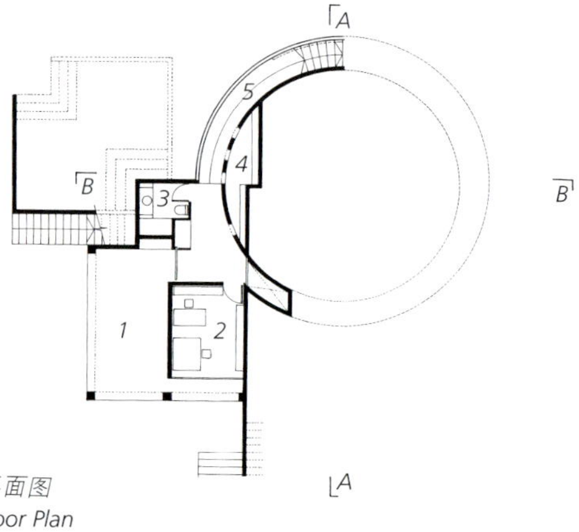

一层平面图
First Floor Plan

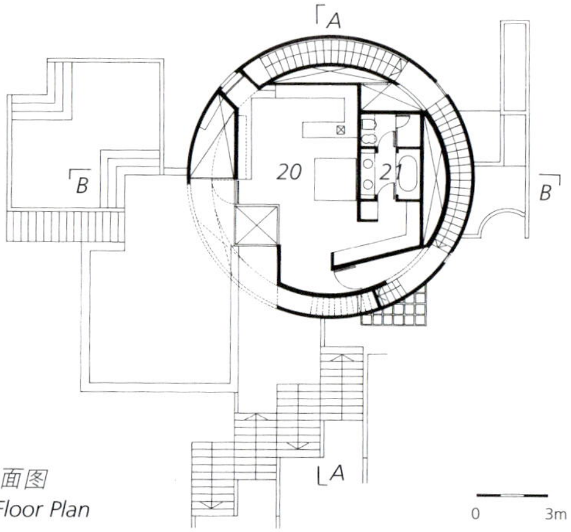

四层平面图
Fourth Floor Plan

前页图：作为住宅群中的主要圆柱体，建筑师的住宅塔楼十分醒目。

本页图：上图中的攀缘植物被看作天然的隔热保护，以免圆柱体西晒。

右页图：轴测图显示出平台和楼梯系统全面布置在用地上，起着塔楼基座的作用。

Previous Spread: *The turret of the architect's house stands out as the dominant cylinder of the group.*

This Page: *The climbing plant in the upper photograph has been thought to act as a natural thermic protection against the cylinder's western exposure.*

Opposite Page: *The axonometric view shows the system of terraces and stairs thoroughly covering the site and acting as the turret's base.*

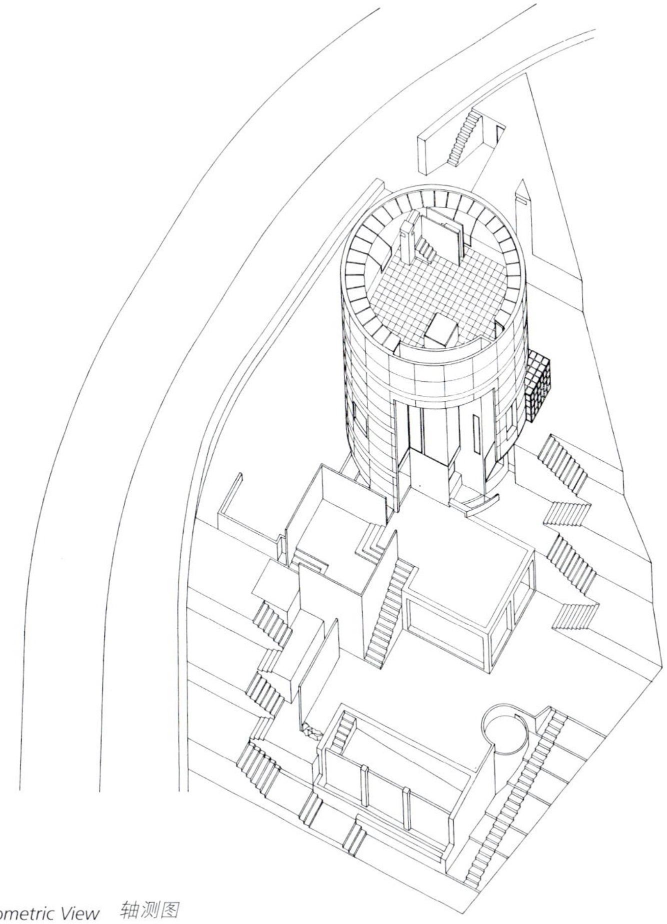

Axonometric View 轴测图

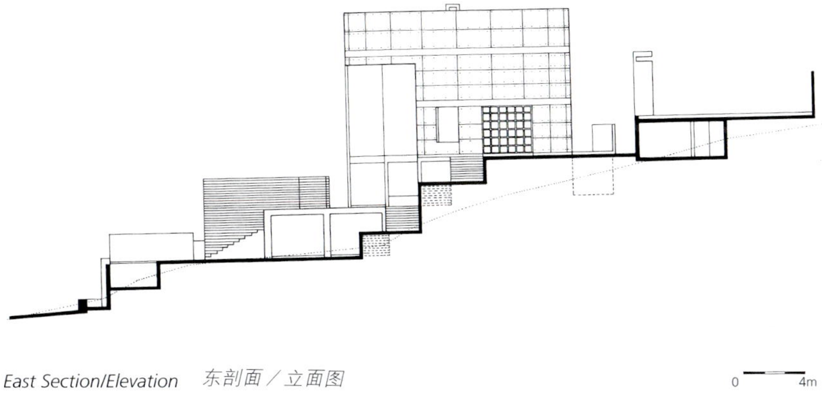

East Section/Elevation 东剖面/立面图

本页图：内圆柱体的环形大钻孔从视觉上扩大了门厅的尺度。

右页图：楼梯与外圆柱体脱离，为了不妨碍墙的连续性，同时使一段楼梯的自然光线射入书房。混凝土用胶合板制模，而且只用一次。

This Page: *The large circular boring of the inner cylinder visually enlarges the size of the access hall.*

Opposite Page: *The staircase detaches from the outer cylinder so as not to interrupt the continuity of the wall and to allow the natural lighting of the flight of stairs leading to the studio. The concrete molding is of plywood and it was given a single use.*

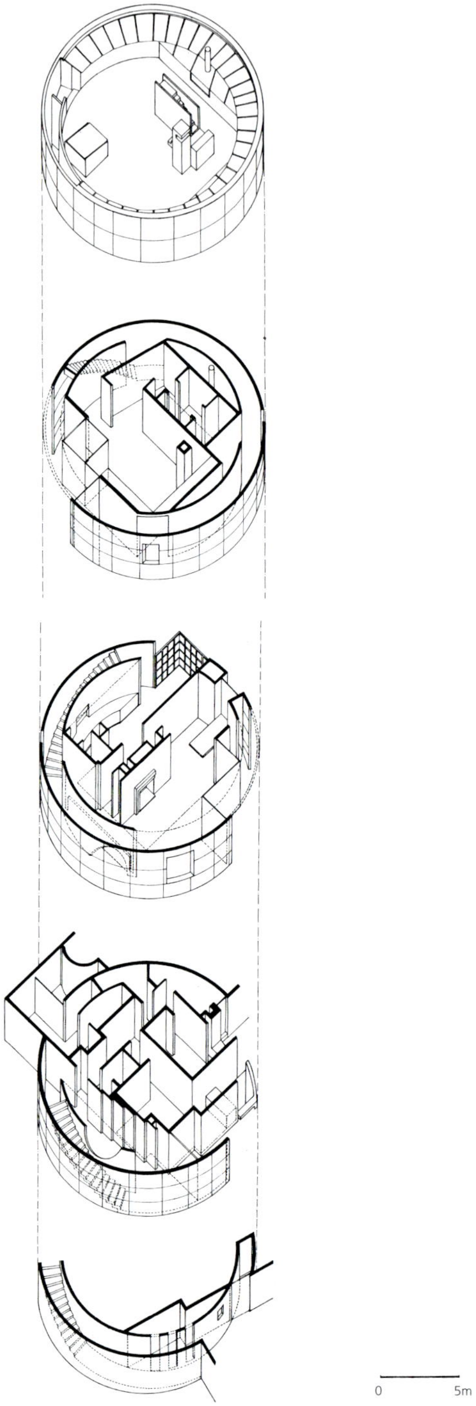

部件分解轴测图
Exploded Axonometric View

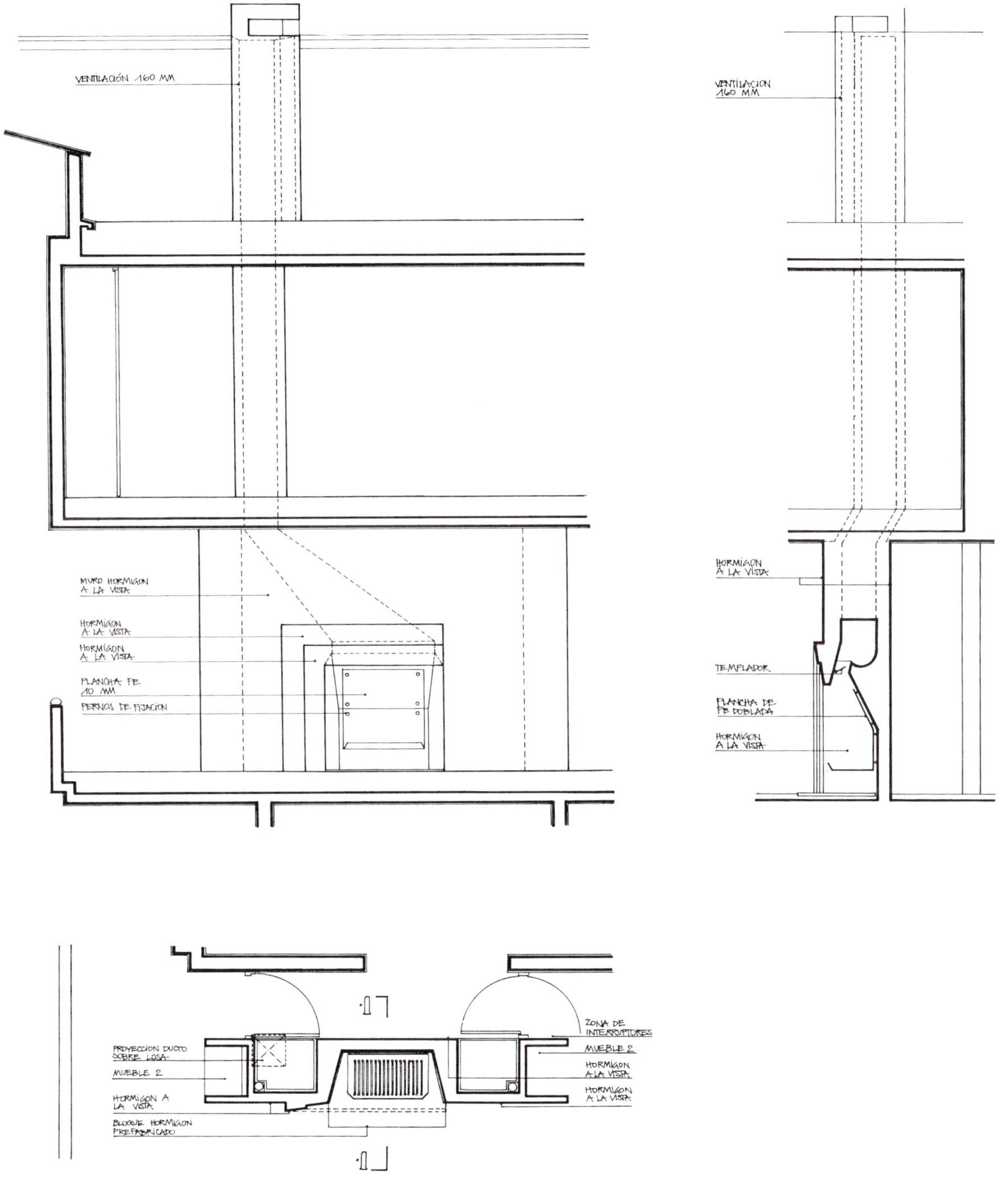

Fireplace Plan, Elevation, and Section 壁炉平面、立面、剖面图

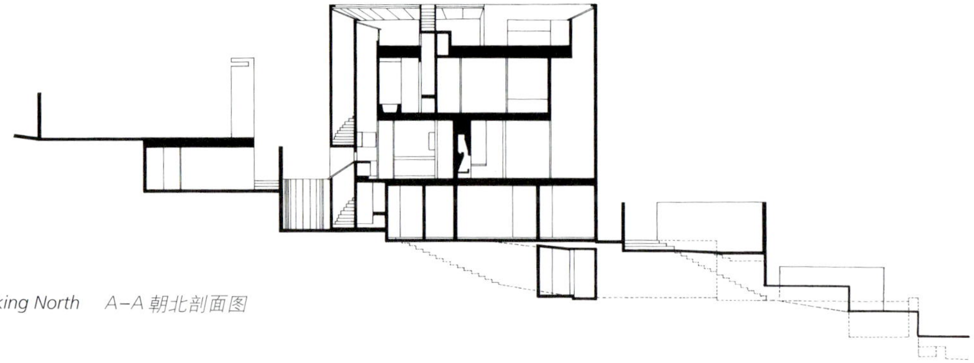

Section A-A Looking North　A–A 朝北剖面图

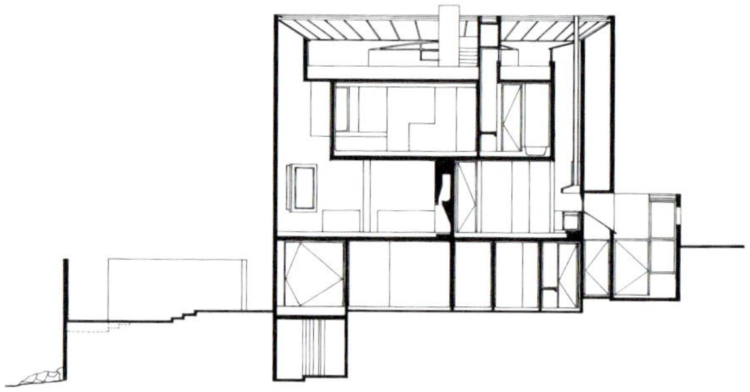

Section A-A Looking South
A–A 朝南剖面图

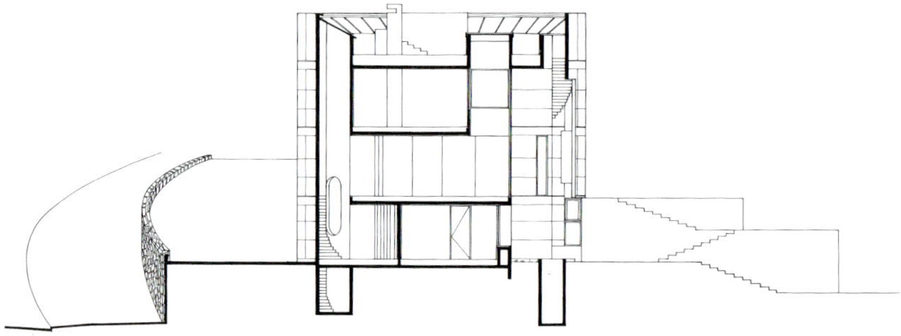

Section　剖面图

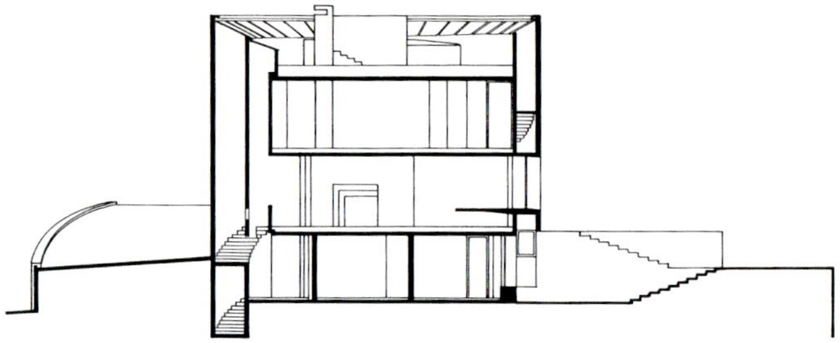

Section B-B　B–B 剖面图

本页图：上图显示主卧室，一木质矩形块嵌入圆柱体中。

左页图：起居室和餐厅区的细部，显示出圆柱体上的窗洞处理巧妙，把视线引向相邻住区的公园。

This Page: *The upper photograph shows the master bedroom, a wooden orthogonal box inserted in the cylinder.*

Opposite Page: *Details of the living room and dining room area, revealing the delicate control of the cylinder's perforations which direct the view toward the park of the neighboring estate.*

本页图：查德威克住宅位于用地最高处，显示出用纹理丰富的石材砌筑的和覆满苔藓的圆柱体。

右页图：下图：坚固的梯田式花园是按照房后山丘的轮廓建造的。

This Page: *The Chadwick House, located at the top of the site, shows a cylinder lined with a richly textured stone and covered with moss.*

Opposite Page: *Lower photograph: The stoutly terraced garden follows the profile of the hills behind the house.*

Chadwick House

1. Access
2. Carport
3. Enclosed Garden
4. Entry
5. Living Room
6. Dining Room
7. Kitchen
8. Service Bedroom
9. Service Bathroom
10. Laundry
11. Study
12. Bedroom
13. Swimming Pool
14. Master Bedroom

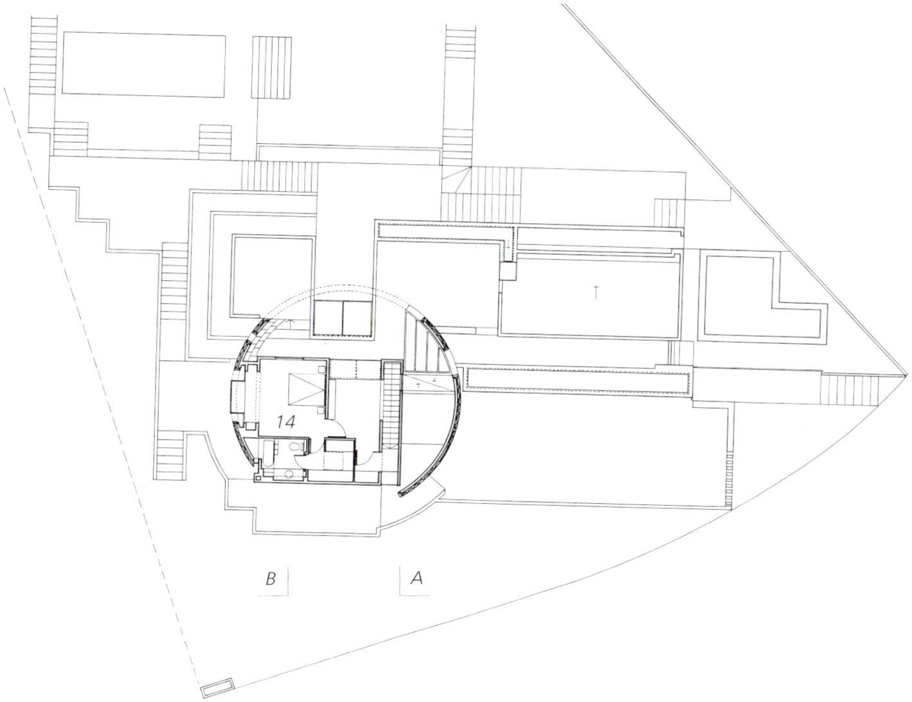

Upper Floor Plan 上层平面图

查德威克住宅

1.入口
2.停车库
3.封闭花园
4.入口
5.起居室
6.餐厅
7.厨房
8.服务人员卧室
9.服务人员浴室
10.洗衣房
11.书房
12.卧室
13.游泳池
14.主卧室

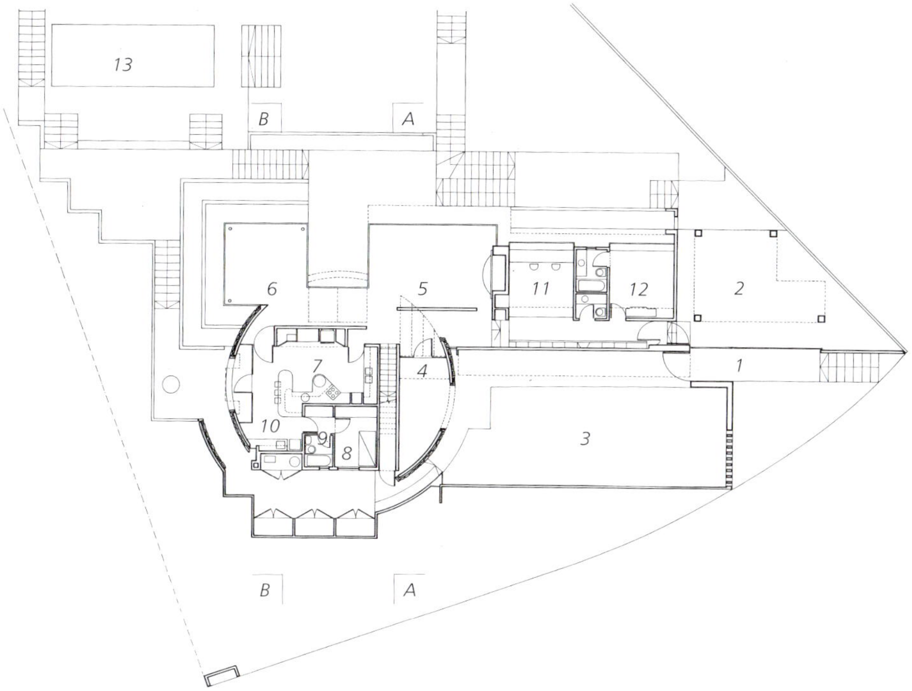

Lower Floor Plan 下层平面图

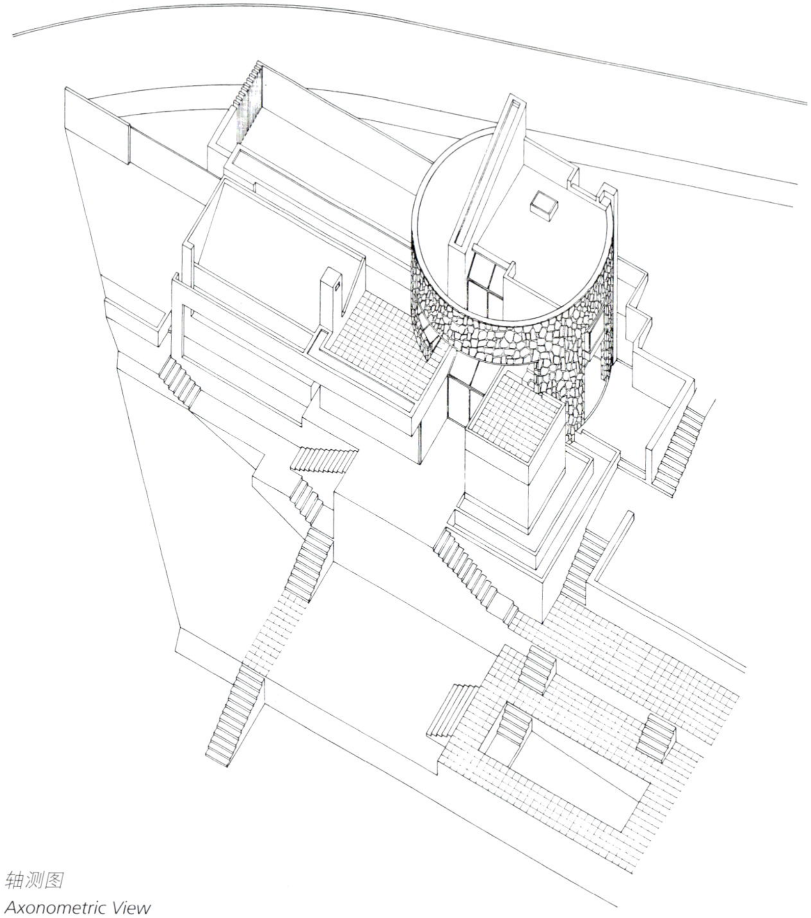

轴测图
Axonometric View

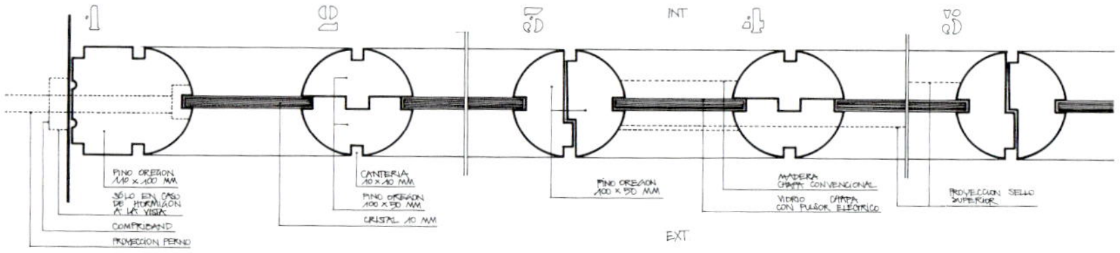

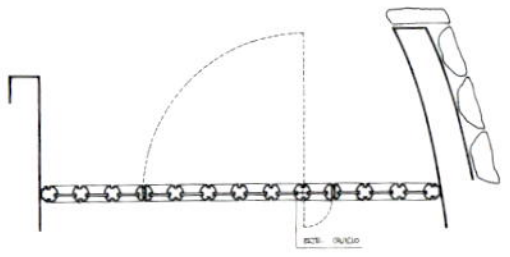

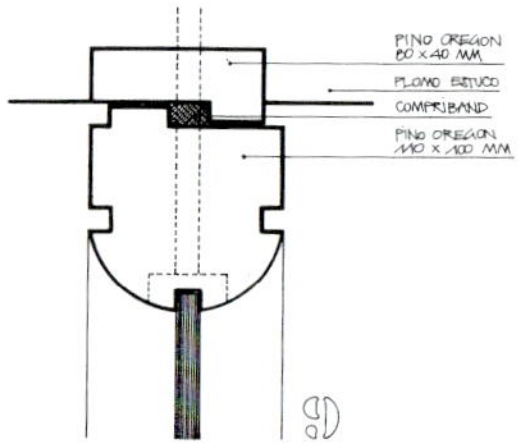

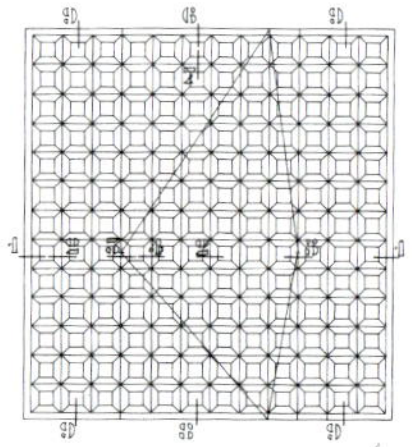

入口大门平面图和细部
Access Door Plan and Details

This Page and Opposite: *The front door, lavishly worked in Oregon pine and glass, contrasts with the magnitude of the outer access space, and constitutes a big wedge between the cylinder and a wall belonging to the orthogonal system of the house.*

本页图和左页图：过分采用（俄勒冈州）松木和玻璃制成的正门与外面宽大的入口空间形成对照。在圆柱体和属于住宅直角体系的墙体之间构成一个巨大的楔形。

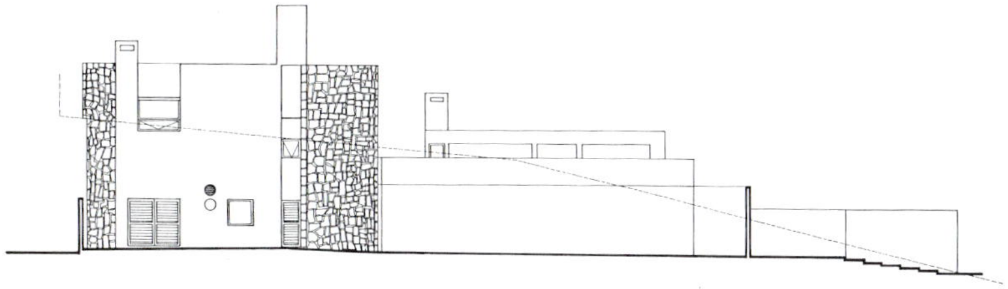

North Elevation 北立面图

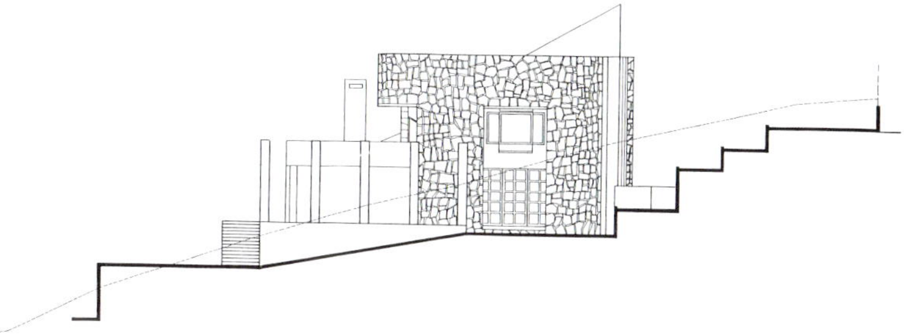

East Elevation 东立面图

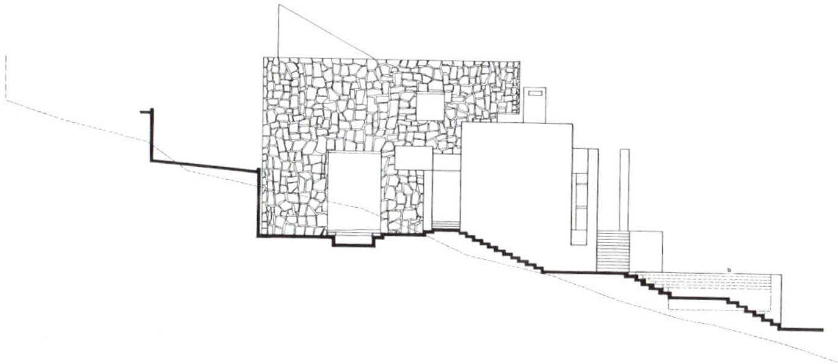

West Elevation 西立面图

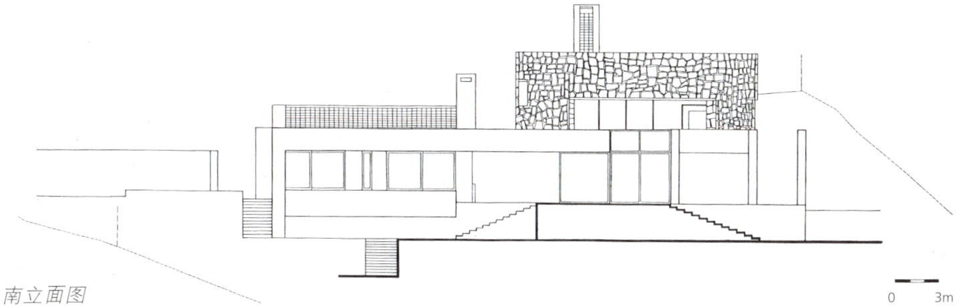

South Elevation 南立面图

Selected Buildings and Projects

精选建筑与项目简介

加西亚住宅

智利，圣地亚哥

建筑师：克里斯蒂安·D·格罗特

设计合伙人：乌戈·莫利纳（Hugo Mdina）

结构工程师：路易斯·索莱尔及其同事

占地面积：33600平方英尺（约3125m²）

建筑面积：6030平方英尺（约560m²）

设计日期：1981年

完工日期：1982年

康斯坦萨·贝尔加拉住宅

智利，阿尔加罗沃

建筑师：克里斯蒂安·D·格罗特

设计合伙人：乌戈·莫利纳

结构工程师：路易斯·索莱尔及其同事

占地面积：4736平方英尺（约440m²）

建筑面积：2700平方英尺（约250m²）

设计日期：1980年

完工日期：1981年

富恩萨利达住宅

智利，圣地亚哥

建筑师：克里斯蒂安·D·格罗特

设计合伙人：乌戈·莫利纳

结构工程师：费尔南多·德尔索尔／哈穆特·博赫尔

占地面积：27000平方英尺（约2500m²）

建筑面积：4500平方英尺（约420m²）

设计日期：1982年

完工日期：1983年

赫略纳住宅

智利，圣地亚哥

建筑师：克里斯蒂安·D·格罗特

设计合伙人：乌戈·莫利纳

结构工程师：拉腊因，鲁伊斯，萨韦德拉

占地面积：270000平方英尺（约25220m²）

建筑面积：11250平方英尺（约1045m²）

设计日期：1983年

完工日期：1985年

马特住宅

智利，萨帕亚尔

建筑师：克里斯蒂安·D·格罗特

设计合伙人：乌戈·莫利纳

结构工程师：路易斯·索莱尔及其同事

占地面积：54250平方英尺（约5040m²）

建筑面积：4725平方英尺（约439m²）

设计日期：1986年

完工日期：1987年

奥雷戈住宅

智利，埃尔潘格

建筑师：克里斯蒂安·D·格罗特

设计合伙人：乌戈·莫利纳

结构工程师：路易斯·索莱尔及其同事

占地面积：95000平方英尺（约8829m²）

建筑面积：3850平方英尺（约357m²）

设计日期：1988年

完工日期：1989年

埃利萨住宅

智利，圣地亚哥

建筑师：克里斯蒂安·D·格罗特

设计合伙人：卡米拉·德尔菲耶罗

结构工程师：路易斯·索莱尔及其同事

占地面积：64600平方英尺（约6000m²）

建筑面积：10400平方英尺（约967m²）

设计日期：1988年

完工日期：1990年

拉昆布雷住宅

智利，圣地亚哥

建筑师：克里斯蒂安·D·格罗特，卡米拉·德尔菲耶罗

结构工程师：豪尔赫·巴尔图

占地面积：12500英尺（约1159m²）

建筑面积：3400英尺（约315m²）

设计日期：1991年

完工日期：1993年

埃拉苏里斯住宅

智利，比亚里卡

建筑师：克里斯蒂安·D·格罗特

设计合伙人：贝尔塔·埃拉苏里斯

结构工程师：路易斯·索莱尔及其同事

占地面积：247英亩（约100ha）

建筑面积：6000平方英尺（约550m²）

设计日期：1991年

完工日期：1993年

“埃尔孔多”住宅群

法因齐尔贝住宅

智利，圣地亚哥

建筑师：克里斯蒂安·D·格罗特，卡米拉·德尔菲耶罗

结构工程师：路易斯·索莱尔及其同事

占地面积：10800平方英尺（约1000m²）

建筑面积：2800平方英尺（约259m²）

设计日期：1987年

完工日期：1989年

埃尔孔多住宅

智利，圣地亚哥

建筑师：克里斯蒂安·D·格罗特，卡米拉·德尔菲耶罗

结构工程师：路易斯·索莱尔及其同事

占地面积：15070平方英尺（约450m²）

设计日期：1988年

完工日期：1993年—1995年

查德威克住宅

智利，圣地亚哥

建筑师：克里斯蒂安·D·格罗特

设计合伙人：卡米拉·德尔菲耶罗

结构工程师：路易斯·索莱尔及其同事

占地面积：18100平方英尺（约1685m²）

建筑面积：2900平方英尺（约267m²）

设计日期：1988年

完工日期：1989年

Firm Profile

公 司 概 况

克里斯蒂安·D·格罗特建筑师事务所成立于1967年，是在D·格罗特与建筑师埃米利奥·杜阿尔特过去的合作结束之后。从那时起，D·格罗特有几位建筑设计合伙人，其中较突出的是乌戈·莫利纳，他于1996年年底离开公司。公司成员从8名到现在的26名，现在的设计合伙人是嫁给克里斯蒂安·D·格罗特的卡米拉·德尔菲耶罗。

克里斯蒂安·D·格罗特1931年出生于智利，年轻时有一段时间住在古巴，有一段时间住在墨西哥。在墨西哥完成了他的中学学业。在智利的天主教教皇大学(国内最负盛名的天主教大学)攻读建筑学。1958年获得最高级别学位。后来，他获得富布赖特(Fulbright)基金会和美国国务院 (U.S. State Department) 的奖学金，在麻省理工学院，芝加哥和伯克利加州大学读研究生。

1961年回到智利后，他为埃米利奥·杜阿尔特(当时最有名望的建筑师)的公司工作，作为设计合伙人D·格罗特参加了圣地亚哥联合国大楼项目的竞赛；公司获得一等奖。自1967年起，D·格罗特建立了自己的公司，为工矿企业、办公楼、报社、银行等做了许多设计，如大楼、林荫广场、展览馆、社会用房、图表设计。然而，他设计工作的一个非常重要的部分是致力于私人住宅的设计，至今已建成了150多幢住宅。

在从事职业活动的同时，D·格罗特还参加了许多竞赛，包括国内的和国际的。最重要的有德黑兰图书馆、巴黎泰特(Tete)国防大楼、马德里普拉多(Prado)博物馆改造。他的设计在圣地亚哥举行的两年一度的建筑展览会上获奖，并在国内外许多书刊杂志上发表。

在各个时期，克里斯蒂安·D·格罗特是圣地亚哥智利天主教教皇大学建筑系的访问教授。1993年，该校建筑系出版了一本他的设计专著，标题为：建筑设计三十年(ARQ出版)。同年他获得智利最高的国家建筑奖。1997年12月，他获得由阿根廷布宜诺斯艾利斯艺术精品博物馆授予的维特鲁比奥(Vitrubio)奖。

Photographic Credits

照片提供者

Christian De Groote
Codner House: p. 11 (center)
Bernardo Matte House: p. 12 (third column, top and center)
Patricio de Groote House: p. 12 (third column, bottom)
Gora House: p. 13
Garcia House: pp. 19, 20, 21, 22, 23, 27 (bottom)
Fuenzalida: pp. 40 (top), 41, 42, 43 (top)
Gellona House: p. 49
Matte House: pp. 58, 61 (top), 62, 63
El Condor House: p. 129 (center)

Camila del Fierro
Elisa House: pp. 82 (bottom right), 83
La Cumbre House: pp. 86, 87, 88, 89, 90, 91, 92, 93
Fajnzylber House: pp. 118 (bottom), 122, 124, 125

Ana Maria Lopez
Gellona House: pp. 53, 54

Juan Manaut
Orrego House: p. 73

Luis Poirot
Ross House: p. 6
Pedro Pablo Errazuriz: p. 7, 12 (second column, bottom)
Soler-Martini House: p. 10
La Posada House Group: p. 11 (bottom)
Fuenzalida House: pp. 44, 45
Matte House: pp. 56, 57, 59, 60, 61 (bottom)
Orrego House: pp. 65, 71 (top and center), 74
Elisa House: pp. 76, 78, 79, 80, 81, 82 (top and bottom left), 84, 85
Errazuriz House: pp. 100, 101, 103, 104
Fajnzylber House: cover, pp. 2, 116, 117, 118 (top), 119, 120, 121, 123
El Condor House: p. 129 (top)
Chadwick House: pp. 136 (top and bottom right), 137 (top), 138 (bottom), 141

Felipe Rodriguez
Lota House: p. 9

Rene Saintard
Slachevsky House: p. 8
Fuenzalida House: p. 43 (bottom)

Guy Wenborne
Codner House: p. 11 (top)
Calderon House: p. 12 (first column top and center)
Alcalde House: p. 12 (first column, bottom)
El Murcielago House (second column, top and center)
Fat House: pp. 14, 15
Paulina House: pp. 16, 17
Garcia House: pp. 18, 25, 26, 27 (top)
Constanza Vergara House: pp. 28, 29, 30, 31, 32, 33, 34, 35, 36, 37
Fuenzalida House: pp. 38, 39, 40 (bottom)
Gellona House: pp. 46, 47, 48, 49, 52, 55
Orrego House: pp. 64, 66, 67, 68, 69, 70, 71 (bottom), 72, 75
Elisa House: p. 77
Errazuriz House: pp. 94, 95, 96, 97, 98, 99, 102, 105, 106, 107, 108, 109, 110, 111
The "El Condor" Group: pp. 112, 113, 114, 115
El Condor House: pp. 126, 127, 128, 129 (bottom), 130, 131, 132, 133, 134, 135
Chadwick House: pp. 136 (bottom left), 137 (bottom), 138 (top and center), 139, 140
Christian de Groote: p. 143

The compilation of text, photographs and drawings for Christian De Groote's office was directed by Camila Del Fierro